JN111955

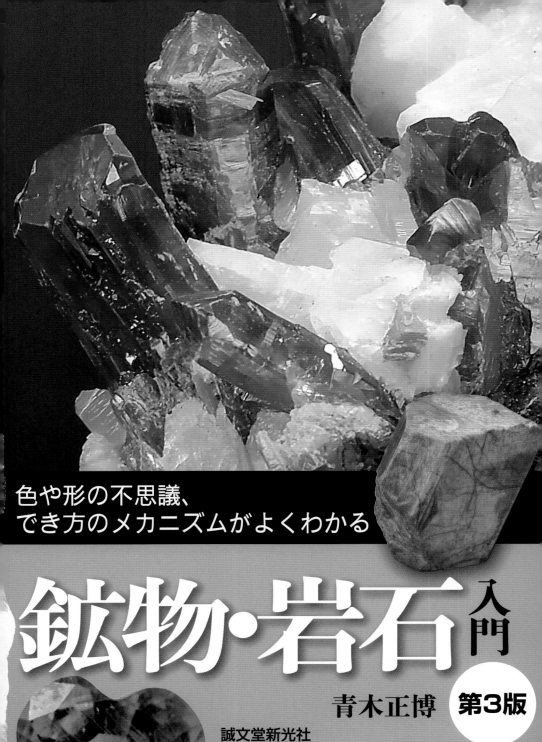

色や形の不思議、
でき方のメカニズムがよくわかる

鉱物・岩石入門

入門

青木正博　第3版

誠文堂新光社

　地球は、今から46億年前に、宇宙空間に散らばっていた星くずが凝集してできました。初期の灼熱状態を経て、地球内部に核やマントルが分化し、地表には海や大気が生まれました。地球の進化を追いかけるように、生命も進化し、人類の世紀を迎えたわけです。岩石・鉱物、海や大気、そして生物を作っている元素は、過去をたどってゆけば宇宙の星くずに行き着きます。私たち人間と岩石鉱物は、共通の祖先を持っているということです。

　人間のライフサイクルはせいぜい数十年。私たちが直接体験できることは限られています。体験できないことを知るには、書物をひもといて歴史を学ぶ必要があります。それでも、残っている歴史記録はせいぜい過去4千年程度でしょう。一方、岩石や鉱物を作る元

素は、遥かに大きなタイムスケールで地表から地下へ、固体から液体へ、液体から固体やガスへと姿を変えながら循環を続けています。その途中で様々な石の姿で私たちの前に現れるのです。そんな石と対話することを覚えたなら、私たちは地球規模の発想が持てるようになるのではないでしょうか。

　この本に収録されている鉱物種、岩石種の数はそれほど多くありません。したがって鑑定のための検索図鑑としてではなく、地球と対話するための気軽な読み物として使っていただくのが良いと思います。好きなところを開き、好きなだけとどまってください。ページいっぱいの鉱物の写真を何カ所か入れました。虫めがねで実物を眺めているように感じていただけるかもしれません。火山や温泉など、鉱物ができつつある場所や、鉱山の採掘切羽も掲載しました。野外観察や鉱物採集のヒントにして頂けるものと思います。本書は、『鉱物・岩石入門』（誠文堂新光社 2011年刊　第1版）をもとにした増補版（2014年　第2版）を、このたび第3版として再発行したものです。

はじめに 2

第1章　鉱物の形 6

1つの結晶が作る形 8
結晶表面の模様 12
複数の結晶が集まって作る形―Ⅰ 16
複数の結晶が集まって作る形―Ⅱ 20

第2章　鉱物の物性 24

色調と光沢―Ⅰ 26
色調と光沢―Ⅱ 30
色調と光沢―Ⅲ 34
色調と光沢―Ⅳ 38
比重と結晶構造 42
重さ比べ 44
硬さ 48
硬さ比べ 50
割れ方 52

第3章　鉱物の生成 56

鉱物の生成 58
温泉水から沈殿する 62
海底面上に水から沈殿する 70
熱水（高温）から岩盤の割れ目に沈殿する 72
熱水（低温）から岩盤の割れ目に沈殿する 74
水の蒸発によって地表に沈殿する 75
雨水の浸透によって地下の空洞に沈殿する 77
高温蒸気から昇華する 78
マグマからできる 80
上部マントルから運び上げられる 82
他の物質から変化する 84
変成岩中で成長する 86
隕石は語る 88
地球の構造 90

イエローストーン公園の
ブループール

本書は、『子供の科学★サイエンスブックス　鉱物岩石の世界』を再編集した『鉱物・岩石入門』（2011年　第1版）から始まり、2014年に増補版（第2版）、そして今回、第3版として発行しました。
写真:池田伸一（産業技術総合研究所）(p129中)／高木哲一（産業技術総合研究所）(p123右下)／野田耕一　(p123右上)／石井良和（p94-105、ただしp95上のアメシストカット標本除く）／甲木聡　(p121右上、p121中、p129左下)　協力:大和田朗（日本薄片株式会社）(p128下、p141-145)／佐藤卓見（産業技術総合研究所・地質標本館）(p128下、p141-145)／オグラ宝石精機工業株式会社　(p129中)（敬称略）

第4章　人間が利用する鉱物　92

誕生石　94
飾り石・宝石　106
役に立つ鉱物―Ⅰ　元素原料鉱物　110
役に立つ鉱物―Ⅱ　工業原料鉱物　120
役に立つ鉱物―Ⅲ　ハイテクと鉱物　128

第5章　岩石の生成と姿　130

火成岩　132
酸性火成岩　133
中性火成岩　134
塩基性火成岩　135
超塩基性岩　135
堆積岩　136
砕屑性堆積岩　137
生物源堆積岩　138
火山性堆積岩　139
変成岩　140
広域変成岩　141
接触変成岩　142
動力変成岩　142
地球表層から地殻下部の物質循環　146
ダイヤモンドができる場所　148

第6章　生活に役立つ岩石　150

生活に役立つ岩石　152
石材　153
節理を利用した石材　155
砕石　155
元素の周期表　156
くらしの中の鉱物・岩石　158

第7章　鉱物の採集　160

鉱物の採集　162
採集のための道具・装備　170
採集方法　171
水晶のクリーニング　172
鉱物の写真撮影　176
記録・整理の仕方　184
鉱物・岩石が展示されている博物館　186

さくいん　188
おわりに　191

第1章

鉱物の形

鉱物の魅力の1つは、その造形的な美しさにあります。結晶が見せる規則正しい外形は、結晶内部の規則的な原子配列の結果です。一方、鉱物が限られた空間で成長する時には、その外形は結晶の内部構造を素直に表現した形になるとは限りません。成長する結晶同士が空間を奪い合うように全方位に成長し、団子のような塊を作ることもあります。結晶の形は、鉱物を鑑定する時の有力な手がかりとなります。また、鉱物集合体の形は、結晶が成長する時の環境を知るためのヒントを与えてくれます。

中沸石　GSJ M33069

1つの結晶が作る形

　金色に輝く黄鉄鉱の立方体結晶や、無色透明でガラスのようにきらめ
く六角柱状の水晶を見て、鉱物がなぜ規則正しい形をとるのかに興味を
持たれた方は少なくないでしょう。それらがあまりにも造形的に美しい
ので、人が加工したものに違いないと思われたかもしれません。

　天然鉱物の研究も、結晶形の特徴を記載し分類することから始まりま
した。そして、結晶の外形は、結晶面相互の方位関係（対称性）によっ
て分類できることがわかりました。現在では、結晶の外形を決定してい
るのは、結晶内の規則的な原子配列であることがわかっています。規則
的な原子配列の最小単位を単位格子と呼びます。結晶は鉱物に固有の単
位格子が三次元的に連なってできているのです。結晶中の単位格子は、
煉瓦造りの巨大な城塞の中の1個の煉瓦に相当します。単位格子を、3
つの軸の長さ（結晶軸の単位の長さをa, b, c と表します）と、軸同士
が互いになす角度（結晶軸b, c のなす角度を α 、結晶軸a, c のなす角度

立方体

黄鉄鉱 FeS₂
おうてっこう

サイコロのように、互いに直交する6つの
面で囲まれた形です。立方晶系(a = b = c,
$\alpha = \beta = \gamma = 90°$)に分類されます。小さな
サイコロ（単位格子）が多数重なって大き
なサイコロ（実際の結晶）になるということ
を直感的に理解するにはよい鉱物です。

立方体の結晶として現れる鉱物には、黄鉄鉱のほかに岩
塩、蛍石などがあります。この黄鉄鉱は、スペインのジュ
ラ紀層から採掘されたものです。柔らかい粘土に包まれ
て、完璧な6面体で産出します。△スペイン・ソリア州バ
ルデネグリロス産／一辺約4cm ／ GSJ M 40088

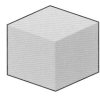

をβ、結晶軸a, b のなす角度をγと表します）によって分類すると、7
つグループができます。そのグループは、それぞれ立方晶系（＝等軸晶
系）、正方晶系、六方晶系、三方晶系、斜方晶系、単斜晶系、三斜晶系
と呼ばれています。

　ここでは、まず天然鉱物の外形の多様さを見ていただきましょう。対
称性の高いものから低いものへと配列してあります。

8面体

磁鉄鉱　Fe₃O₄

正8面体結晶として産出する鉱物とし
ては、磁鉄鉱の他に、ダイヤモン
ド、スピネル、赤銅鉱、フランクリ
ン鉱などがあります。これらはい
ずれも立方晶系に分類されます。
この磁鉄鉱は、鉄とマグネシウ
ムに富んだ岩石が変成される
過程で成長しました。
▷ブラジル・ゴイアス産／
左右長3.5cm ／ GSJ M 40197

菱面体

苦灰石
CaMg（CO₃）₂

苦灰石の他に、菱苦土鉱、方解石、菱マ
ンガン鉱、菱鉄鉱などが、同じ菱面体
状結晶を作ります。それぞれ Mg, Ca,
Mn, Fe の炭酸塩鉱物で、菱面体状
の劈開片を作って割れる点でも共通
しています。これらは三方晶系（$a_1 =$
$a_2 = a_3 \neq c$, $\alpha = 120°$）に属します。
苦灰石は、石灰岩や熱水鉱脈中に産
出します。
◁スペイン・テルエル産／左右長
8.5cm ／ GSJ M 40302

1つの結晶が作る形

六角柱

石英　SiO₂

柱状に成長する鉱物の代表格は石英です。
透明感があり、規則正しい結晶形を見せる
石英を水晶と呼んでいます。

　石英は三方晶系に属します。六角柱状に
なる鉱物は、石英の他、燐灰石、緑柱石、
鋼玉、褐鉛鉱などがあります。この石英は、
ペグマタイト中の空洞に成長したもので、
放射線の影響で煙色にくすんでいます。
▷スイス・ゲシェナータール産／
長さ約17cm ／ GSJ M 40162

板状

重晶石
（じゅうしょうせき）
BaSO₄

写真中央の無色透明な結晶が重晶
石です。このように向かい合った
一対の面が他に比べて大きく発達
すると結晶は板状になります。板
状結晶を作る鉱物には、重晶石の
他に白雲母、鱗雲母、燐銅ウラン
石、輝水鉛鉱などがあります。写
真の重晶石は、熱水鉱脈の中で、
微粒の菱マンガン鉱（ピンク）の上
に成長したものです。
◁北海道・古平郡古平町稲倉石鉱
山産／一辺が約1.5cm ／ GSJ M
40344

単斜柱状

微斜長石 (び しゃちょうせき) (K,Na)AlSi$_3$O$_8$

稜が平行な一群の結晶面（柱面）の上に、これらと斜交する端面が載った形。輝石、角閃石、緑簾石に多く見られる形です。微斜長石は正長石と並ぶカリ長石の一種で、花崗岩や花崗岩ペグマタイトの普通の構成鉱物です。

▷福島県・石川郡石川町外牧和久産／
高さ17.5cm ／ GSJ M 40754

刃状

斧石 (おのいし) (Ca,Fe,Mn)$_3$Al$_2$BO$_3$Si$_4$O$_{12}$OH

大きく成長した面が緩い角度で交わると、刃物の様なエッジができます。斧石などの対称性の低い鉱物に特徴的に現れる形です。

斧石は三斜晶系（$a \neq b \neq c, \alpha \neq \beta \neq \gamma$）に属します。

斧石は、ホウ素を含んだ珪酸塩鉱物です。

花崗岩マグマが固結する時に放出する流体が石灰岩と反応する場合などに生成します。

▽大分県・豊後大野市緒方町尾平鉱山産／左右長8cm ／ GSJ M 917

結晶表面の模様

　結晶の表面は、遠目には平滑に見えても、様々な凹凸があります。凹凸は、結晶成長や溶解過程の記録です。理想的な結晶を、落成式を迎えた新築ビルにたとえるなら、多くの実在結晶は、建設途上あるいは解体途上のビルにたとえられます。壁材を貼り終わっていない部分や、壁材がはげ落ちた部分を持っているものです。ある条件下で安定に成長した結晶も、温度・圧力が変わったり、触れている溶液の化学組成が変化すれば、不安定化し溶解に転じます。その進行が速ければ鉱物が消滅してしまいますが、ゆっくりであれば何らかの分解プロセスを記録した結晶表面が残されます。ここでは、結晶表面にどんな凹凸があるか、肉眼で明瞭にわかる例をご紹介します。

方解石の成長丘 CaCO₃

大きく成長した方解石の結晶面に見られる凹凸です。光を斜めから当てることによって明暗のコントラストを高めています。結晶面のいたる所に高まりや窪地があります。
この結晶面の左上の稜から右下方向に多数の成長丘が伸びています。
成長丘が次々に折重なって大きくなってきたことがうかがわれます。
▽アメリカ・テネシー州エルムウッド鉱山産／左右長16cm ／ GSJ M 40288

ダイヤモンドの溶蝕ピット c

ダイヤモンドは地下130km以深の上部マントルのマグマ中で成長を始め、マグマの緩やかな上昇とともに成長し、マグマが100km程度の深さに達したあと爆発的噴火によって地表にもたらされたと考えられています。超高圧で安定なダイヤモンドは、高温のマグマとともに地表へと移動する過程で、不安定になり、結晶の表面から溶けてゆきます。噴火がきわめて爆発的だったため、移動速度が速く、ダイヤモンドは溶解しきらずに地表に達したと説明されています。天然産のダイヤモンドはほとんど、結晶の頂部や稜が丸みを帯びています。また、8面体の面上には、面とは逆向きの三角形の小さなくぼみが現れます。これらはいずれも、ダイヤモンドが溶解した証拠だとされています。▽ロシア・サハ州ウダチナヤ鉱山産／結晶の重さは0.2カラット＝40mg／GSJ M 40031

結晶表面の模様

紫水晶の骸晶　SiO_2

結晶は方向によって成長速度に違いがあります。速く成長する方向は結晶の稜（方向の異なる面が接するところ）となり、成長の遅い方向に直交して結晶面が発達します。
結晶成長が速い時には、稜の方向と結晶面の中央付近での成長速度の差が拡大し、結晶面の中央付近がくぼんだ骸晶ができます。

写真は、灰色の水晶の頂部に覆い被さるように成長した紫水晶です。紫水晶の錐面のくぼみに白い石英の薄層が充填しているため、色彩のコントラストがつき骸晶であることがわかりやすくなっています。

▷鳥取県・西伯郡伯耆町藤屋産／
左右長約3cm ／ GSJ M 1761

巨大な成長ステップを示す蛍石

CaF_2

結晶がゆっくり成長する時には、平滑な結晶面ができやすいのです。それは、結晶を形作る物質が、結晶面上のわずかな段差の側面に付着し、成長が面的に進行するためです。通常、この段差は肉眼ではわからないほどわずかなのですが、この蛍石の結晶面には、例外的に巨大な段差ができています。

▷アメリカ・イリノイ州ケーブインロック地方ミネルバ鉱山産 ／写真の左右長約5cm ／ GSJ M 30195

条線が発達した水晶

水晶の柱面には、しばしば六角柱の伸びの方向に対して直角なスジが入っています。これは擦り傷ではなく、ごく幅の狭い結晶面です。六角柱の伸びの方向に対して両端の錐面が交互に成長すると、その折り返し点は谷と尾根になり、平行なスジとして見えるのです。これを条線と呼んでいます。

▷山梨県・甲府市八幡山産／結晶の長さ20cm ／ GSJ M 40152

複数の結晶が
集まって作る形─Ⅰ

結晶の方位関係が一定しているもの

　複数の結晶が同時に成長する時の形は、鉱物の結晶構造と空間による
制約を受けます。

　前者の一種が双晶と呼ばれる集合形です。2つあるいはそれ以上の結
晶固体が、構造の連続性を最大限に保ちつつ異なる方向に成長したもの
で、結晶間の角度が一定していることが特徴です。すべての結晶が双晶
を作るわけではありません。双晶は、その形態的な特徴に基づいて、接
触双晶（2つの結晶がある面を境にして鏡対称になっている）と回転双
晶（ある軸の周りに一方の結晶を回転させるともう一方の結晶に重な
る）に分けられます。水晶の日本式双晶や石膏の矢羽根型双晶は接触双
晶、また、カリ長石のカールスバッド式双晶、金緑石、金紅石、あられ
石の輪座双晶などは回転双晶の典型例です。

　もう1つが透入連晶といわれる集合形です。これは、別種の鉱物が、
一定の方位関係を保ちつつ成長したもので、カリ長石と石英、ジルコン
とゼノタイムなどの例があります。

　"空間による制約"をいいかえると、障害物のない方向に結晶が伸び
るということです。岩盤の割れ目に溶液が侵入し鉱物を沈殿する場合を
想像してください。結晶の種は壁際に付着し、様々な方向に向かって伸
びてゆきます。結晶の中には、別の結晶とぶつかってそれ以上伸びられ
ないものと、他の結晶粒子より少しでも頭を出したことで成長を続けら
れる結晶があります。壁から直角方向に成長した粒子が他の粒子をリー
ドするため、生き残って伸長方向の揃った集合体ができるのです。これ
が平行連晶です。

双晶

石英の日本式双晶 SiO₂

石英は六角柱状の単結晶を作る鉱物ですが、その2つの固体が84°33′傾いて接合したものが日本式双晶です。V字型あるいはハート型の形を、飛んでいる蝶に見立ててバタフライツインとも呼ばれています。1895年にヨーロッパで開催された国際見本市で、日本が出品した山梨県乙女鉱山の標本が注目されました。これが日本式双晶という名称のおこりです。

　日本式双晶は、扁平ですぐそばにできた通常形（六角柱状）の石英にくらべて断然大きく成長しています。この標本は、花崗岩中の熱水鉱脈の空洞に面して成長したものです。▽山梨県・山梨市乙女鉱山産／左右長4cm ／ GSJ M 21000

微斜長石の カールスバッド式双晶
KAlSi₃O₈

微斜長石の2つの結晶が、握手をしたような形に接合したものです。カリ長石にも斜長石にもよく現れる双晶タイプです。木工の"ほぞ組み"のようです。この標本は、花崗斑岩の斑晶だった微斜長石が、風化によって分離したものです。
▷北朝鮮・平安北道雲山郡豊中洞産／左右長8cm ／ GSJ M 36308

平行連晶

石膏　$CaSO_4 \cdot 2H_2O$

粘土化した凝灰岩の中に脈状にできたもの。脈の壁から垂直に結晶が伸び、結晶の方位が揃った繊維状ないし長柱状結晶の集合体になっています。

繊維状の石膏やアスベストでは、表面反射に内部からの反射が加わり、明るく柔らかい光沢（絹糸光沢）を見せます。

◁中国・満州産／左右長11cm／GSJ M 34502

クリソタイル

$Mg_3(Si_2O_5)(OH)_4$

クリソタイルが蛇紋岩の割れ目に長い繊維の集合体を作ったものがアスベスト（石綿）として利用されました。この標本でも、限りなく細い繊維が壁面から垂直方向に整然と成長している様子が見られます。

アスベストは、鉱物であるにもかかわらず、しなやかな繊維になり、耐熱性、耐摩耗性と加工性にも優れていたため奇跡の素材と呼ばれました。アスベストが呼吸器系の障害の原因になることが判明した現在では、ビル内部に断熱材として吹きつけられたものをはじめとし、撤去の対象になっています。

←── 蛇紋岩

▷北海道・富良野市野沢鉱山産／繊維の長さが約2.5cm／GSJ M 16254

透入連晶

文象花崗岩
ぶんしょう か こうがん

カリ長石と石英が象形文字の
様な模様を作っています。切
断面上で見ると石英も長石も
互いに分断し合っているよう
ですが、立体的には長石も石
英もそれぞれが1つの結晶とし
てつながっています。2種類
の鉱物がお互いの都合を尊重
しながら同時に成長したため
に、互いに貫く（透入する）組
織ができあがったのです。こ
の組織は、花崗岩マグマから
ペグマタイトができる時に、
ごく普通に形成される組織で、
文象組織あるいはペグマタイ
ト組織と呼ばれています。
▷岐阜県・中津川市苗木産／
写真の左右長8cm

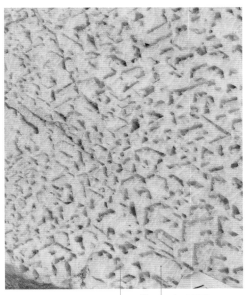

└石英 └カリ長石

── カリ長石

カリ長石と
煙水晶
ちょうせき
けむりすいしょう

カリ長石と石英が作った透
入連晶です。花崗岩ペグマ
タイトの中心に残されている
空隙（文象組織の末端部）に
できたものです。石英もカリ
長石もそれぞれに本来の結
晶形を見せています。
◁岐阜県・中津川市苗木産／
高さ6cm ／ GSJ M 40633

── 煙水晶

複数の結晶が集まって作る形—I

19

複数の結晶が
集まって作る形—Ⅱ
結晶の方位関係が一定していないもの

　隣り合った結晶粒子が、互いにあまり干渉しない方向に成長したもの
です。結晶個体の方位関係と、その鉱物の結晶構造が持つ内部的な規則
性とには厳密な関係がありません。板状、レンズ状の結晶がバラの花び
らのように丸く集合した形（花弁状集合体）はその一例です。砂漠の

花弁状集合体

石膏（砂漠のバラ）
$CaSO_4 \cdot 2H_2O$
砂漠の砂の中で、浸透する地下水から沈殿したもの。薄板状の
結晶が急角度に交差して成長し、全体としてバラの花弁状に
なっています。花弁状集合体で産出する鉱物として、この他に
重晶石、方解石、苦灰石、白雲母、燐灰ウラン石などがあ
げられます。
▷アルジェリア・アルジェ
産／左右長16cm／
GSJ M 40369

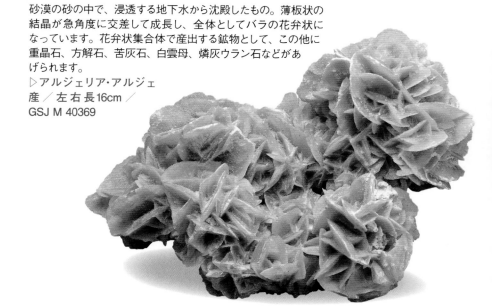

無限につながった砂粒の間隙が成長の舞台です。また、岩盤中の狭い隙間に沿って、苔や、針葉樹の葉のように連なって成長した形（樹枝状集合体）もその一例です。結晶が割れ目沿いに成長する限りは、大きなスペースが保証されています。結晶の方位関係が一定しないものの中で、もっとも規則正しく見えるのが球晶でしょう。これは、当初ゆとりあるスペースの中でまばらな放射状に成長を始めた結晶が、結晶個体が互いに接するまで肥大したあと、協調的な成長に切り替わったことを物語っています。

樹枝状集合体

自然銀 Ag
堆積岩中の空隙に沿って樹枝状に成長した自然銀。この他に自然銅や自然金もしばしば樹枝状集合体を作ります。◁アメリカ・ミシガン州ホワイトパイン鉱山産／高さ10cm／GSJ M 40017

複数の結晶が集まって作る形—II

放射状集合体

束沸石　たばふっせき　NaCa₂Al₅Si₁₃O₃₆·14H₂O

角礫凝灰岩中の割れ目に成長したもの。デージーの花びら、あるいはドーム状に見える鉱物が束沸石です。放射状に集合した結晶の先端が揃うとともに、結晶間を埋めるように結晶が太った結果、見事な球状になっています。束沸石の単結晶は短冊状ですが、しばしば一点から180度方向に伸びた蝶ネクタイ形集合体を作り、それが束ねたワラのように見えることからこの名前がつきました。

長柱状の単結晶を作る鉱物は、しばしばこのような放射状集合体として産出します。たとえばスコレス沸石などの沸石（珪酸塩）、石膏（硫酸塩）、銀星石（リン酸塩）、あられ石（炭酸塩）や、次に述べる孔雀石（炭酸塩）がその例です。

▽静岡県・伊豆の国市小室産／写真左右長4cm ／ GSJ M 40660

針ニッケル鉱 NiS

堆積岩中の空洞をおおった苦灰石の上に、放射状に成長した針ニッケル鉱の結晶。
結晶の太さ（0.1～0.2mm）に比べて結晶の長さは3cm程度。大変スリムな結晶です。
結晶は苦灰石の1つの頂点から放射状に成長し、長さはまちまちで結晶間には大きな
隙間が残されています。
▽ロシア・ウラル山地クラドゥノ産／写真の左右長 5cm ／ GSJ M 40072

孔雀石 Cu₂CO₃(OH)₂

銅鉱床の酸化帯に生成したもの。孔雀石の柱状結晶
が放射状に成長し、光沢が出るほどなめらかな表面を
備えた球晶の集合体になっています。標本の破断
面には同心円状の濃淡が見えます。
このような球晶の集合体をカットすると、
年輪模様、目玉模様が現れます。
▷オーストラリア・フィムクリー
ク産／左右長7cm ／ GSJ
M 40327

第2章

鉱物の
物性

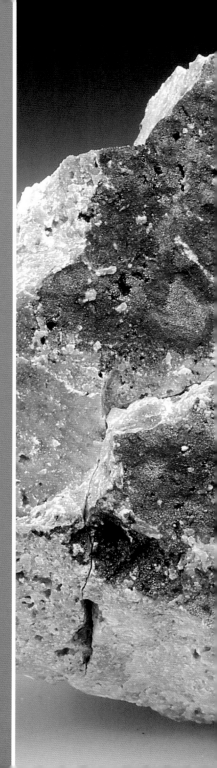

鉱物の物理的性質には、色調、光沢、複屈折、比重、硬度、劈開、断口、展性、延性、磁性、焦電性、圧電性などがあります。いずれも、鉱物の化学組成（構成元素の種類）や、結晶構造によって決まる性質です。そのため、物性データをいくつか組み合わせると、かなり正確な鉱物の鑑定ができます。色調、光沢、複屈折、比重、磁性などの物性は、基本的に非破壊で確認することができます。本章では、特別な実験装置がなくても確認できる、色調、光沢、比重、硬さ、割れ方について紹介していきます。

針鉄鉱

色調と光沢― I

光沢

　光沢とは、鉱物の表面に光が当たった時の輝き具合のことです。鉱物を透過する光、鉱物内部で反射発散される光、結晶表面で反射される光のバランスによって様々な光沢が生まれます。同じ種類の鉱物でも、表

金剛光沢

ダイヤモンド　c

ダイヤモンドが典型的に見せる光沢です。非金属光沢の一種で、屈折率が高い透明鉱物に見られます。たとえば、金紅石（屈折率2.6）、ダイヤモンド（2.45）、閃亜鉛鉱（2.4）、硫黄（2.4）、錫石（1.99 ～ 2.09）、ジルコン（1.92 ～ 1.96）などがこの仲間です。天然産ダイヤモンドの表面は、カットされた宝石に比べて光沢が鈍く、つや消しワックスを掛けたような質感があります。それは、結晶表面の溶蝕ピットで光が散乱されているためです。
▽南アフリカ共和国産／結晶粒径は約3mm ／ GSJ M 9983

面のなめらかさによって光沢が異なって見えるのが普通です。可視光を強く吸収し不透明に見える鉱物の多くが、結晶面や破断面では金属に似た光沢を示します。一方、可視光をおおむね透過する鉱物は、結晶面や破断面ではガラスに似た光沢を示します。ガラス光沢は、非金属光沢の一種です。金属光沢と非金属光沢の中間的な光沢を、亜金属光沢と呼びます。金属光沢、亜金属光沢、非金属光沢の境目はあまりクリアではありません。鉱物粒子の集合状態も光沢に影響を与えます。多孔質の物体や粉体は、入射光が表面に出にくいため、光沢感が乏しくなります。

ガラス光沢

水晶 SiO₂

非金属光沢のうち、ガラスに似た光沢です。屈折率が 1.3 〜 1.9 の透明鉱物に見られます。全鉱物種の 70％程度がこの仲間に入ります。写真の無色透明の水晶は、ハーキマーダイヤモンドのニックネームで知られているものです。条線が発達していないため、カットグラスの様によく光を反射します。
▷アメリカ・ニューヨーク州ハーキマー郡産／写真の左右長4.5cm／GSJ M 40159

真珠光沢

魚眼石
(K,Na) Ca₄Si₈O₂₀ (F,OH)·8H₂O

非金属光沢のうち、真珠のような深みのある光の反射を見せるものをいいます。透明な結晶の内部に光を反射する面があると、深さの違う面からの反射が表面の反射に加わって、"深み"を感じさせるのです。雲母などの層状珪酸塩鉱物や、石膏など、透明で劈開の強い鉱物に典型的に見られる光沢です。"深い"光り方は、魚の目を思わせます。この魚眼石は、インドのデカン玄武岩の空隙に、沸石鉱物、方解石などとともに産出しました。
▷インド・マハラシュトラ州プーナ産
写真の左右長4cm／GSJ M 40602

金属光沢

黄鉄鉱　FeS_2

黄鉄鉱は金色です。その昔、どれだけ多くの"金鉱探し"の目を欺いたことでしょう。黄鉄鉱には"愚者の金"というニックネームがあります。
▷ペルー・ワンサラ鉱山産／左右長10cm／GSJ M 36452

亜金属光沢

磁鉄鉱　Fe_3O_4

金属光沢よりやや鈍い光沢です。屈折率2.6〜3の鉱物に典型的に見られます。この標本は、岩石の割れ目に面して成長した8面体の磁鉄鉱です。鋼灰色でやや金属的なものから、黒色で光沢感の乏しいものまで結晶面によって光沢感のバリエーションが見られます。
◁ボリビア・ポトシ市マチャカルカルカ産／写真の左右長4cm／GSJ M 40198

土状光沢

轟石　$(Mn^{2+},Ca)\,Mn_3^{4+}O_7 \cdot H_2O$

黒色の部分が轟石です。海底の温泉活動に伴って、凝灰岩中に生成したものです。繊維状あるいは微粒子の集合体で、さわると指が黒くなるほど柔らかく、全く光沢感がありません。
▷静岡県・松崎町池代鉱山産／左右長9cm／GSJ M 40214

樹脂光沢

石黄(雄黄) As_2S_3
せきおう　ゆうおう

プラスチックのような光沢です。黄褐色～オレンジ色の雄黄は、ダイヤモンド以上の高い屈折率 (2.4 ～ 3.0) を持ち、光を通します。高い屈折率を持つ黄褐色の鉱物は、このように樹脂光沢を示すのが普通です。一方、石黄を劈開面から見ると、雲母のような真珠光沢が見られます。

▽中国・湖南省石門県産／写真の左右長5cm／GSJ M 40131

色調と光沢―Ⅱ

塊と粉末の色

　鉱物の色調は可視光の吸収と反射によって生まれます。私たちは、吸収される色の補色を鉱物の色として見ているのです。

　着色には3種類の原因があります。1つは特定の元素による光の吸収です。たとえば銅イオンを含む鉱物は赤と橙色を吸収する結果、緑や青に着色します。トルコ石、藍銅鉱、孔雀石がその例です。マンガンイオンを含む鉱物がピンク〜紅に着色するのも同じメカニズムです。2つ目は、結晶の中の欠陥による光の吸収です。水晶やダイヤモンドの着色原因がこれです。3つ目は、電荷の異なる陽イオン間での電荷移動による

藍銅鉱(アズライト)

らんどうこう

$Cu_3(CO_3)_2(OH)_2$

藍銅鉱は銅の炭酸塩鉱物で、鮮やかな濃青色の結晶を作ります。ある程度光を透過するため、結晶の色と粉末の色にそれほど大きな違いがありません。藍銅鉱が青く見えるのは、結晶構造中の水和銅イオンが赤や橙色の光を吸収するためです。藍銅鉱を粉末にした時、結晶状態より少し白っぽく見えるのは、粉末表面の散乱光が加わるためです。藍銅鉱は、その美しい濃青色のため、装身具の素材として、岩絵の具として、あるいは布を染色するための顔料として、古くから利用されてきました。藍銅鉱は、空気中で徐々に変質して緑の孔雀石に変わります。このことは岩絵の具を使う画家には悩みの種でした。
▷中国・広東省陽春石 菜銅鉱山産／左右長5cm／GSJ M 40323

着色です。サファイアがこの例で、アルミニウムを置換している微量の鉄イオン（+2）とチタンイオン（+4）の間で電荷が移動することによってブルーが現れます。

　多くの鉱物は、結晶の大きさや表面の平滑さによって色調が違って見えます。粉末にすると、平滑な面からの反射光がなくなる分、光の吸収特性はより明確になります。粉末の色は結晶面の色よりも一定しているため、鑑定でも頼りになります。粉末の色を見るには、白い素焼きの陶器（条痕板）に鉱物をこすりつけます。

孔雀石（マラカイト）
$Cu_2CO_3(OH)_2$

孔雀石も銅の炭酸塩鉱物です。粉末色と塊の色に大きな差がありません。緑の着色は銅イオンによる光の選択的吸収が原因です。孔雀石は古くから顔料として用いられました。たとえば古代エジプトのクレオパトラは、孔雀石の粉をアイシャドーにしていたといわれています。
▷オーストラリア・西オーストラリア州ウィムクリーク鉱山産／左右長5.5cm／GSJ M 40327

磁鉄鉱　Fe_3O_4

磁鉄鉱のように金属光沢〜亜金属光沢を示す鉱物はほとんどの可視光を吸収するため、粉末は黒く見えます。
◁ボリビア・ポトシ マチャカルカルカ鉱山産／写真の左右長5cm／GSJ M 40198

硫黄 S

硫黄は黄色い鉱物です。微結晶の集
合体や、多孔質のものは、白っぽく見
えます。塊と粉末は同系統の色です。粉
末の硫黄は色が淡いうえ、酸化して硫酸
を生ずるため顔料としての用途はありませ
ん。
▷左右長7cm ／ GSJ M 15860

辰砂 HgS

辰砂は、塊の状態でも粉末の状態でも鮮やかな赤
色を見せます。朱色の顔料として、神社の鳥居や
柱に塗られているほか、朱肉として広く使われてい
ます。日光が当たると次第に黒みを帯びてくること
が、顔料としての弱点です。
◁北海道・イトムカ鉱山産／左右長10cm

鏡鉄鉱(赤鉄鉱)Fe₂O₃

赤鉄鉱は、結晶と粉末の色が劇的に異なる鉱
物です。赤鉄鉱の結晶は、鋼灰色金属光沢を
示し、鏡鉄鉱とも呼ばれます。鏡鉄鉱を粉末
にすると、一転して真っ赤になります。赤鉄鉱
は、緑〜青系の光を吸収するために、粉末にし
て透過光の寄与を増やすと赤く見えるのです。
赤鉄鉱は赤色の顔料として古くから利用されて
います。
▷モロッコ・ナドール鉱山産／
左右長3cm ／ GSJ M 40204

32

石黄 （せきおう） As_2S_3

石黄（雄黄）は塊、粉末の
いずれの状態でも鮮やかな
黄色を示します。屈折率
（2.4 ～ 3.0）が高いため結
晶は樹脂光沢を示します。
古くから黄色の顔料として
利用されています。たとえ
ば古代エジプトやアッシリ
ア、中国では、壁面を黄色
に塗るために使われました。
19世紀のヨーロッパでは油
絵にも利用されました。写真の石黄は、温泉地帯の粘土の中に
成長したものです。▷青森県・恐山産／写真の左右長6cm

褐鉄鉱 （かってっこう） $Fe_2O_3 \cdot nH_2O$

褐鉄鉱は、多孔質で低結晶質の酸化鉄
です。黄色から暗褐色まで幅広い色調
を 見 せ ま す。こ れ を 粉 末 に す る と、
オーカー（黄褐色）、シエンナ（橙褐色）、
アンバー（褐色）などの顔料ができます。
◁岡山県・吉原鉱山産／左右長6cm
／ GSJ M 12012

紫水晶 （むらさきすいしょう） SiO_2

紫結晶、黄水晶、紅水晶、煙水晶など、大きな結晶では色
づいて見えるものも、粉末にするとただの白い粉です。発色
の機構が格子欠陥によるものだったり、遷移金属を含むもの
でもその濃度がとても低いため色が薄く、粒子表面の光の散
乱に負けて白く見えるのです。
▷中国・湖北省 大治鉱山産／
写真の左右長13cm ／
GSJ M 40170

色調と光沢—Ⅲ

蛍光

　紫外線を照射した時に可視光を発する鉱物を蛍光鉱物と呼びます。紫外線を浴びると、鉱物を構成している原子のエネルギーレベルが高まり（励起状態）ますが、その状態は長続きせず、きわめて短時間のうちに元の状態（基底状態）に戻ります。この時に蛍光という形でエネルギーを放出するのです。微量の不純物元素による結晶構造のひずみが蛍光の

蛍石（ほたるいし）　CaF$_2$

蛍石は、無色、紫、緑、黄色、ピンクなど、あらゆる色調を見せる鉱物です。紫外線を照射した場合に発する蛍光色は、青がもっとも普通ですが、赤、紫、緑、黄色、白色の場合もあります。　蛍光を発しないこともあります。結晶格子を置き換えて入る、ユーロピウム（2＋）、イットリウム（3＋）や有機物などが、蛍光を発する原因と推定されています。産出地によって、蛍光色も、光の強さも異なるのは、蛍光の原因となる微量成分の濃度が異なるためです。
▷韓国江原道金化郡産／
左右長12cm ／ GSJ M 36789

写真は通常の光と紫外線ランプ（ブラックライト）で撮影したものをそれぞれ掲載しています。
蛍光色が浮かび上がっている写真が紫外線ランプで撮影したものです。

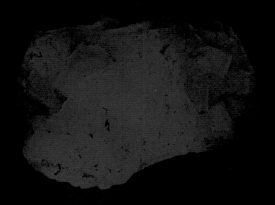

原因だと考えられています。代表的な蛍光鉱物として、灰重石、珪亜鉛鉱、燐灰ウラン石、方解石、蛍石、玉滴石、ダイヤモンド、ユークリプタイトをあげることができます。同じ鉱物ならいつでも同じ色の蛍光を発するという訳ではありません。同じ場所から産出した同種の鉱物であっても、蛍光を発するものと発しないものがあります。

　灰重石（青）、珪亜鉛鉱（緑）、燐灰ウラン石（黄緑）などは、常に明瞭で特徴的な蛍光色を発するため、紫外線ランプ（ブラックライト）を用いることによって、その存在を能率的にチェックできます。蛍石は蛍光現象が発見されるもとになった鉱物なのですが、蛍光色は必ずしも強くありません。

燐灰ウラン石

Ca(UO$_2$)$_2$(PO$_4$)$_2$·10-12H$_2$O

燐灰ウラン石は、閃ウラン鉱など初成のウラニウム鉱物の風化によって生成する、黄色鱗片状の鉱物です。

その鮮やかな黄色ゆえに、大きな粒子ならば識別は難しくありません、しかし、紫外線照射によって現れる強い黄緑色に注目することによって、はるかに楽に微細な粒子まで見い出すことができます。黄緑色の蛍光は、ウラニルイオン (UO$_2$)$^{2+}$ に起因すると考えられています。

▷フランス産／左右長10cm／
GSJ M 1246

色調と光沢—Ⅲ

灰重石　CaWO₄

灰重石は、紫外線照射によって白
～青色の蛍光を発生します。タン
グステンを一部置き換えてモリブ
デンが入ると、蛍光色は白色～黄
色に変わります。灰重石は鉄マン
ガン重石と並んで、タングステン
の主要な鉱石鉱物です。採掘され
た鉱石から含有率の高いものをよ
り分ける（選鉱）時や、灰重石中
のモリブデン含有率を迅速に見積
もるために、紫外線照射が行われ
ます。
◁ユーゴスラビア・ゼレズニック
産／左右長13cm ／ GSJ M 2959

方解石　CaCO₃

方解石は、含有される微量元素の種
類によって異なった蛍光を発します。
赤色～ピンクの蛍光色は、カルシウム
を置換した微量の鉛とマンガンに起因
し、緑色はウラニルイオン（UO₂）²⁺に
起因すると考えられています。
▷秋田県・大仙市荒川鉱山産／
左右長9.5cm ／ GSJ M 5558

珪亜鉛鉱 Zn₂SiO₄

珪亜鉛鉱は亜鉛の珪酸塩鉱物で、
紫外線照射によって特徴的な強
い緑色の蛍光を発します。蛍光
は、微量のマンガンに起因すると
考えられています。アメリカのフ
ランクリン鉱山は、珪亜鉛鉱を含
め56種類の蛍光性鉱物を産出し
たことから、"蛍光鉱物の都"と
いうニックネームを持っています。
▷アメリカ・ニュージャージー州フ
ランクリン鉱山産／
左右長9cm／GSJ M 10764

色調と光沢─Ⅲ

色調と光沢—Ⅳ

光の干渉および回折による色

　鉱物本来の色の他に、鉱物の表面を覆う薄膜からの反射光が干渉することによっても様々な色が現れます。シャボン玉が虹色に見える原理と同じです。シャボン玉の膜には表と裏の表面があり、そこで反射した光が干渉して虹色を生じます。表面で反射した光と、裏面で反射した光に

針鉄鉱フィルムによるレインボーカラー

針鉄鉱はわずかに光を通すため、薄膜は光の干渉で虹のように色づいて見えることがあります。この標本は、硫酸酸性の熱水活動で特徴づけられる金鉱床から採取されたものです。ほとんど石英の集合体に変化した安山岩を微細な脈に沿って割ったところ、鮮やかな虹色が現れました。脈の中には細粒の石英が晶出しており、その上に針鉄鉱の薄膜が覆っています。赤橙色から紫色まで、虹のスペクトルを一通り網羅していることから、薄膜の厚さが一様でないことがわかります。レインボーカラーがざらついた質感を示すのは、針鉄鉱膜の土台となっている石英粒子が透けて見えるためです。
△鹿児島県・枕崎市赤石鉱山産／左右長14cm

は、膜の厚みに応じた行路の差が生じますが、その行路差が光の波長の整数倍になる時に光は強められ、それ以外は消えるか弱められます。強められた光が虹色になって見えているのです。鉱物表面でも似たようなことが起こります。黄銅鉱などの硫化鉱物の表面には、しばしば薄い酸化薄膜が生じていますが、その厚みが光の波長以上になると光の干渉が起こります。虹色は典型的な干渉色です。膜の表面と裏面で反射した光が干渉するためには、膜が光を通さなければなりません。従って完全に不透明な鉱物の場合には、薄膜であっても光の干渉は起こりません。

　鉱物の表面や内部に一定間隔の平行なスジや、規則正しく並んだ粒子があり、かつ、その間隔が可視光の波長に近い時には、反射光に干渉が起こります。見る角度によって光の行路差が異なり、それに対応した光の強調が起こった結果、虹色が見えるのです。これは光の回折と呼ばれる現象で、その典型的な例がプリシャスオパールやラブラドライトに見られます。

ラブラドレッセンス

斜長石は、灰長石 $CaAl_2Si_2O_8$（An）と曹長石 $NaAlSi_3O_8$（Ab）を両端成分とする固溶体ですが、この系列の灰長石成分が50%から70%までのものに対してラブラドライトという名前を当てています。ラブラドライトの結晶中では組成が異なる斜長石の界面が平行に配列しており、それが薄膜効果を発揮して虹色の干渉色が現れるのです。この特徴的な発色は、ラブラドレッセンスと呼ばれています。虹色が現れていない部分が黒く見えるのは、磁鉄鉱の微細な粒子を多数含んでいるためです。
▷フィンランド産／
左右長7cm／
GSJ M 14767

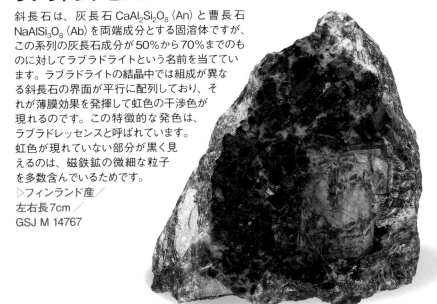

プリシャスオパール （ファイアオパール）

オパールには、球状の含水非晶質珪酸がぎっしり詰まっています。この球体の径が揃い、球体の配列が規則的な場合には光の回折によって、虹色が現れます。球体の径が 3000 Å（＝0.3μm）前後の場合には、赤い色が現れます。これがファイアオパールです。

△メキシコ産／写真の左右長6cm／GSJ M 12568

プリシャスオパール

非晶質珪酸の粒子が 2000 Å（＝0.2μm）前後で揃っていると、青〜紫色を基調としたプリシャスオパールになります。

▽オーストラリア産／写真の左右長9cm／GSJ M 17129

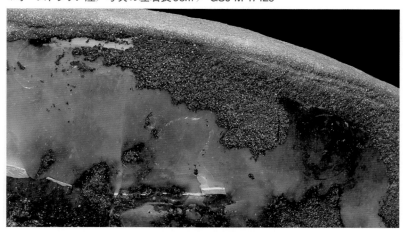

灰ばん柘榴石 Ca$_3$Al$_2$(SiO$_4$)$_3$

淡いオレンジ色で透明感の強い柘榴石です。
着色の原因は、微量のマンガンと鉄です。
カナダ・ケベック州ジェフリーマイン産／
写真の左右長2.5cm／GSJ M 40453

比重と結晶構造

　物質の重さを、同じ体積の水の重さで割った値が比重です。水の密度が近似的に1なので、比重と密度はほとんど同じ値になります。

　鉱物の比重は何によって決まるのでしょうか。

　重い元素が高密度で詰まれば重い鉱物になり、軽い元素が低密度で詰

ダイヤモンド

石墨

まれば軽い鉱物ができます。同じ元素でも、構造が密であれば比重が大きくなります。ダイヤモンドと石墨はいずれも炭素だけでできている鉱物ですが、原子間距離が短いダイヤモンドの比重は3.50、原子間距離が長い石墨の比重は2.09 ～ 2.23です。同じ結晶構造の場合は、重い元素が入っている方が重い鉱物になります。自然金（19.3）と自然銀（10.5）の関係、重晶石（4.48）と硫酸鉛鉱（6.32）の関係、方解石（2.71）と菱マンガン鉱（3.69）、菱亜鉛鉱（4.43）の関係がそのケースです。見た目が黒っぽい石には、鉄などの重金属元素が含まれていて比重が大きく、白っぽい石は珪酸やアルミナなどの軽い成分を主体とするために比重が小さいという傾向があります。しかし、この経験則に当てはまらないものもあります。たとえば、黒く金属光沢を示す石墨（2.09 ～ 2.23）、および暗褐色～黒色の轟石（3.49 ～ 3.82）は、白く透明感のある重晶石（4.48）や白鉛鉱（6.58）よりも圧倒的に軽いです。

　比重は、構成元素の重さと結晶構造の粗密を反映するために、鉱物種を鑑定する時に強力な手がかりを与えてくれます。

ダイヤモンドと石墨は、ともに炭素だけでできた鉱物です。それにもかかわらず、比重、硬度、色が大きく異なります。ダイヤモンドの比重は石墨の約1.7倍です。硬さはもっと極端で、ダイヤモンドは鉱物の中でもっとも硬く、石墨はもっとも軟らかいのです。また、ダイヤモンドは無色透明、石墨は真っ黒です。
これらの違いの原因は結晶構造にあります。ダイヤモンドの構造では、すべての炭素が約1.54Åの原子間距離で3次元的に強固に結びついており、そのため硬いのです。一方の石墨は、層状の構造を持っています。炭素の結合は層内ではダイヤモンド並みに強いのですが、層と層の間では弱く、層間の距離は約3.37Åです。その結果、石墨は層の間で剥離しやすく、軟らかいのです。また、層間距離が大きいために比重が小さくなるのです。石墨の構造では、炭素同士の結合にかかわっていない電子が自由に動き回って、光のエネルギーを吸収するため黒く見えるのです。

1.54Å

ダイヤモンド

3.37Å

石墨

重さ比べ

　比重の大きなものから小さなものへと、鉱物を並べてみました。色調や光沢と比重の関係に注目してください。

自然金　Au（比重＝19.3）

金は重い鉱物の代表格です。類似の黄金色を示す黄鉄鉱や黄銅鉱に比較すると金は4倍近く重く、造岩鉱物の代表格である石英や長石に比べると7倍も重いのです。水流によって砂金を濃集できるのは、金の比重が他の鉱物よりも圧倒的に大きいからです。この自然金は、熱水鉱脈の風化帯から産出したもので、褐色の鉄酸化物を伴っています。
▷岐阜県・高山市大湧鉱山産／左右長1.1cm
／ GSJ M 40010

自然銅　Cu（比重＝8.94）

自然銅は、黄銅鉱などの硫化鉱物を含む銅鉱床の酸化帯に生成したものが一般的ですが、米国ミシガン州北部には初成的な自然銅の大鉱床があります。自然銅は精錬の必要がないため、先史時代から先住民に利用されていましたが、19世紀以降大規模に開発されました。
▷アメリカ・ミシガン州 アイルローヤル鉱山産／
左右長16.5cm ／ GSJ M 40023

自然銅

自然金

| 20.0 | 19.0 | 18.0 | 17.0 | 16.0 | 15.0 | 14.0 | 13.0 | 12.0 | 11 |

辰砂 HgS（比重=8.09）

辰砂は濃赤色の重い鉱物です。鮮やかな赤さゆえに
尊ばれ、古くから採掘されました。風化帯でも分解
せず、水流が作用するところに濃集します。古代人
は、主として砂鉱床から辰砂を集めたようです。写
真は、堆積岩中の脈に含まれる辰砂です。ルビーの
ように赤く透明な結晶が、淡黄色の苦灰石に埋まっ
ています。
▷中国・貴州省銅仁鉱山産／左右長4cm／
GSJ M 40099

砂岩

辰砂

苦灰石

方鉛鉱 PbS（比重=7.58）

方鉛鉱は鉛灰色で、新鮮な断面では強い金属光
沢を示す鉱物です。写真は熱水鉱脈中の空隙
に面して成長した方鉛鉱で、6面体と8面体
が組み合わさった結晶形（サイコロの角を切り
落としたような形）を見せています。
▷秋田県・北秋田市阿仁鉱山産／
左右長21cm／ GSJ M 40062

錫石 SnO_2（比重=6.99）

錫石は暗褐色〜淡黄色の短柱状結晶を作る鉱物です。
屈折率が高いため、透明度の高い結晶はぎらつい
て見えます。写真は高温熱水鉱脈の空隙に向
かって成長した短柱状結晶群で、特有の金剛光
沢を見せています。錫石は風化に耐え、しかも
比重が大きいため、花崗岩地域の河川に残留し
砂鉱床を作ります。
▷ボリビア・ヴィロコ鉱山産／左右長12cm
／ GSJ M 40228

方解石	石英

自然銅　辰砂　　　　　　重晶石　鉄ばん柘榴石　石膏　　　水

10.0　9.0　8.0　7.0　6.0　5.0　4.0　3.0　2.0

方鉛鉱　錫石　　　　黄鉄鉱　黄銅鉱　　　石墨　硫黄　1.0

重さ比べ

閃亜鉛鉱

黄鉄鉱

黄鉄鉱 FeS$_2$（比重＝5.01）

黄鉄鉱は非常に分布の広い硫化鉱物です。ほとんどの熱水鉱床では黄鉄鉱が主役を張っているといっても過言ではありません。黄鉄鉱はかつて硫酸原料として利用されたこともありますが、今日では石油の脱硫によって回収される硫黄がその目的に当てられています。黄鉄鉱は、黄銅鉱や閃亜鉛鉱より重く、鉱石運搬の負担を大きくします。それにもかかわらず、利用価値は低いのです。
◁ペルー・ワンサラ鉱山産／左右長 10cm ／ GSJ M 36452

重晶石 BaSO$_4$（比重＝4.48）

色の淡い鉱物の中では傑出して重い鉱物です。そのことが鑑定の助けになります。岩石をボーリングマシンで掘削する時には、潤滑と岩屑の排出のために泥水を循環させます。泥水が軽ければ岩屑を排出することは困難です。そこで、泥水の比重をコントロールするために重晶石の粉末を混ぜるのです。
▷スペインテレシータ鉱山産／
左右長 14cm ／ GSJ M 40345

黄銅鉱 CuFeS$_2$（比重＝4.2）

銅の硫化鉱物中もっとも銅の含有率が低く、かつ比重も小さいのですが、産出は広く銅の主要な鉱石鉱物になっています。
◁秋田県・鹿角市尾去沢鉱山産／左右長 8cm ／
GSJ M 3831

鉄ばん柘榴石 Fe$_3$Al$_2$(SiO$_4$)$_3$（比重＝4.32）

柘榴石は化学組成のバリエーションが大きい鉱物で、組成に応じて比重も大きく変化します。もっとも軽い種が苦ばん柘榴石（比重＝3.58）、もっとも重い種がこの鉄ばん柘榴石です。鉄ばん柘榴石は、花崗岩、安山岩、流紋岩などの火成岩や、泥質の変成岩に含まれて産出します。風化に強く、また硬く（硬度＝7 〜 7.5）耐摩耗性にも優れているため、河床堆積物に濃集します。奈良県と大阪府の県境にそびえる金剛山地の西側では、奈良時代からこの種の柘榴石を研磨剤として採掘してきました。柘榴石の研磨剤を金剛砂と呼ぶ理由がわかります。
▷福島県・石川郡石川町産／左右長 4cm ／ GSJ M 40715

方解石 (ほうかいせき)　$CaCO_3$（比重＝2.71）

方解石は石英やカリ長石とほぼ同じ比重を持っています。　▷秋田県・大仙市荒川鉱山産／
左右長10cm ／ GSJ M 40275

石英 (せきえい)　SiO_2（比重＝2.65）

　地殻中に広く存在する鉱物で、平均的な花崗岩とほぼ同じ比重を持っています。
◁福島県須賀川市雲津峰産／左右長6cm

石膏 (せっこう)　$CaSO_4 \cdot 2H_2O$（比重＝2.32）

乾燥地域にある内陸の塩湖の沈殿物として、あるいは海底温泉の沈殿物として、あるいは火山地域の変質鉱物としてごく普通に産出する鉱物です。石膏を加熱して一部脱水させた粉末（半水石膏）は、水を加えると再び石膏に戻ります。固結する時に結晶粒子がかみ合うため、岩石のように硬くなります。この性質を利用すれば任意の形状の"岩石"を作ることができます。骨折した患部を一時的に固定するギプスも、この性質を利用しています。石膏がもっと重い鉱物だったら、ギプスは今日ほどには普及していなかったかもしれません。この写真の石膏は、海底熱水活動に伴って、粘土化した凝灰岩の割れ目に成長したものです。繊維状の結晶が平行に成長し、絹糸のような光沢を見せています。
▷宮城県・加美郡加美町 宮崎鉱山産／
左右長9cm ／ GSJ M 40366

石墨 (せきぼく)　c（比重＝2.23）

　ダイヤモンドと同じ成分であるにもかかわらず、低い比重を持つ鉱物の代表格になっています。
◁北海道・音調津鉱山産／左右長15cm／
GSJ M 01776

硫黄 (いおう)　s（比重＝2.07）

硫黄は軽いとはいえ、水の2倍以上の重さがあるので、塊は水に浮かびません。ただし、硫黄は水に馴染まないため、粉末を水に沈めることは困難です。
▷北海道・弟子屈町川湯硫黄山産／
左右長5cm／地質標本館収蔵

重さ比べ

硬さ

岩塩（NaCl）はイオン結晶の典型例です。

　鉱物の硬さは、結晶に含まれる原子同士の結びつきの強さを反映します。結びつきが強固なものは、結晶の一部をはぎ取るために強い破壊力が必要です。鉱物の硬さは、鑑定に役立つ性質の1つです。

　19世紀のドイツの鉱物学者モースは、ひっかきに対する鉱物の相対的な強さを10段階に分けました。そのメンバーを軟らかい方から並べると、滑石－1、石膏－2、方解石－3、蛍石－4、燐灰石－5、正長石－6、石英－7、黄玉－8、鋼玉－9、ダイヤモンド－10となります。このセットをモースの硬度計と呼んでいます。これは経験的に編み出された尺度なのですが、分析技術が進歩した今日でもなお実用性を持っています。もっと精密な硬度測定法もあります。ピラミッド型のダイヤモンドを鉱物に押し当てて、一定の荷重をかけ、鉱物表面にできたくぼみの大きさで硬度を表すのです。これはビッカース硬度と呼ばれます。ビッカース硬度とモース硬度の対応を見てみると、モース硬度計の実用性に納得がいきます。

　鉱物中の原子の結びつき方は、大まかに4つに分類されています。原子は、プラスの電荷を帯びた原子核と、その周囲を回る電子―マイナス電荷―でできており、全体としては電気的な中性を保っています。電子を失って陽イオンになりやすい原子と、電子を拾って取り込むことで陰イオンになりやすい原子があります。その傾向の強さによって、原子同士の結合の強さが決まります。実例を挙げましょう。

　第1のタイプの典型は岩塩です。岩塩の中では、陽イオンになりやすいナトリウムと、陰イオンになりやすい塩素とが、プラスとマイナスの電荷として引きつけ合って、交互に配列しています。この種の結晶は、無色透明、非金属光沢、電気を通さず、硬いけれどももろいという性質を共通に持っています。

第2のタイプの典型は自然金や自然銅です。結晶を構成する原子は陽イオンになっており、その間を自由に動き回る電子があります。この種の物質は不透明で金属光沢を持ち、電気をよく通し、引き伸ばしたり曲げたりできる柔軟性を示します。

第3のタイプの典型はダイヤモンドです。結晶を構成する粒子はイオンではなく原子の状態で、隣り合った原子と、電子を共有し合っています。このグループの物質は、無色透明で、非金属光沢をもち、硬く、電気を通さない性質を持っています。

第4のタイプの典型は石墨です。互いに緩く結合した分子の集合体でできています。この種の鉱物には、柔らかく、機械強度が低く、熱膨張率が高く、電気を通さないという性質があります。

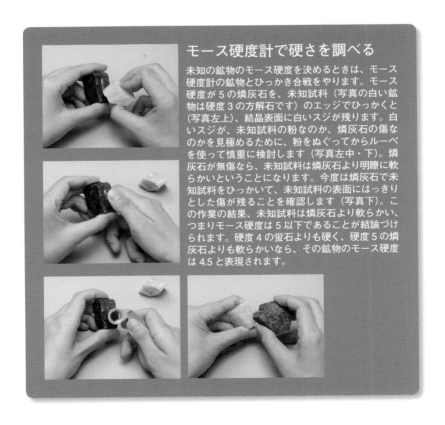

モース硬度計で硬さを調べる

未知の鉱物のモース硬度を決めるときは、モース硬度計の鉱物とひっかき合戦をやります。モース硬度が5の燐灰石を、未知試料（写真の白い鉱物は硬度3の方解石です）のエッジでひっかくと（写真左上）、結晶表面に白いスジが残ります。白いスジが、未知試料の粉なのか、燐灰石の傷なのかを見極めるために、粉をぬぐってからルーペを使って慎重に検討します（写真左中・下）。燐灰石が無傷なら、未知試料は燐灰石より明瞭に軟らかいということになります。今度は燐灰石で未知試料をひっかいて、未知試料の表面にはっきりとした傷が残ることを確認します（写真右下）。この作業の結果、未知試料は燐灰石より軟らかい、つまりモース硬度は5以下であることが結論づけられます。硬度4の蛍石よりも硬く、硬度5の燐灰石よりも軟らかいなら、その鉱物のモース硬度は4.5と表現されます。

硬さ比べ

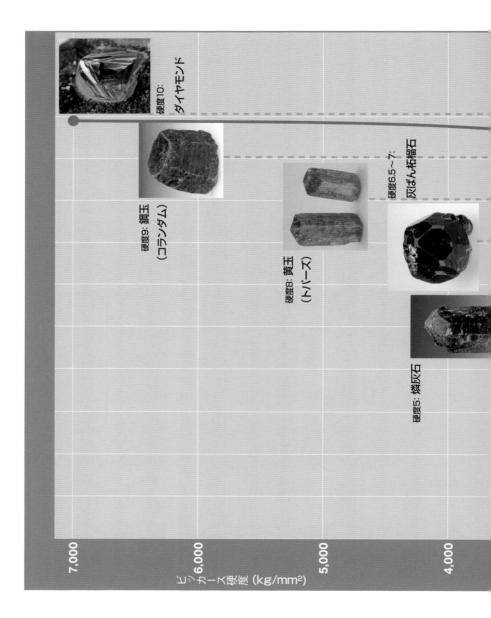

硬度10: ダイヤモンド

硬度9: 鋼玉 (コランダム)

硬度8: 黄玉 (トパーズ)

硬度6.5〜7: 灰ばん柘榴石

硬度5: 燐灰石

ビッカース硬度 (kg/mm²)

7,000

6,000

5,000

4,000

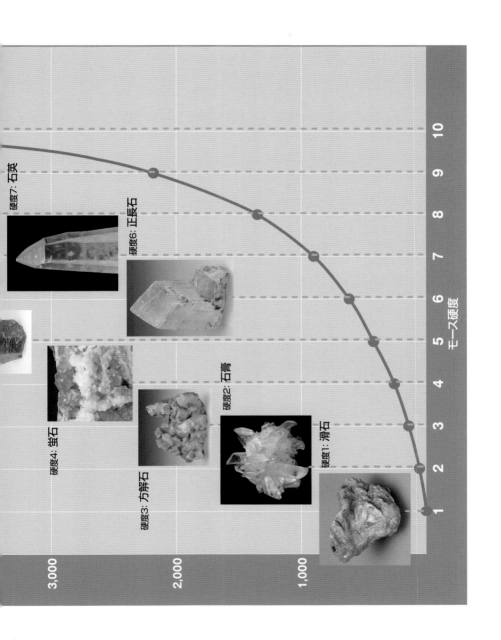

硬度7: 石英

硬度6: 正長石

硬度4: 蛍石

硬度3: 方解石

硬度2: 石膏

硬度1: 滑石

3,000

2,000

1,000

1 2 3 4 5 6 7 8 9 10

モース硬度

割れ方

　鉱物の強度は、方向によって異なります。結晶構造中の原子やイオンの結びつき方に方向性があるためです。鉱物に衝撃を加えた時、割れ口が平面になるもの、不規則でギザギザしているもの、貝殻の模様に似た同心円状になるものなど様々です。

　割れ口が平面になる場合、劈開があるといいます。割れやすさによっ

貝殻状の割れ口

石英 SiO_2
せきえい

方向によって原子の結合強度に差が少ない鉱物が示す割れ口です。石英の自形結晶は六角柱状ですが、割れ口は結晶面の方向とは特定の関係を持たず、ガラスの破断面に似た貝殻状の凹凸を見せます。

▽山梨県・金峯山八幡産／写真の左右長3.5cm ／ GSJ M 15731

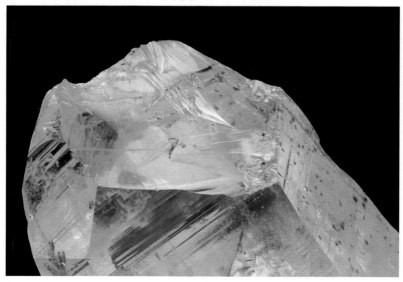

て、完全、明瞭、不明瞭、なし、などに分けられます。結晶をある面に沿って切ったとします。仮に原子の粒が見えるほどに拡大して見ることができたなら、その面には無数の原子が規則正しく並び、さながら網目のように見えることでしょう。このような原子の並びを原子網面と呼びます。原子網面に沿った方向での原子の結合力が、それとは垂直方向の結合力に比べてはるかに強い場合に、その原子網面が劈開面となります。

　割れ口が不規則だったり貝殻状の場合、劈開ではなく断口と呼ばれます。貝殻状、亜貝殻状の断口は、方向による強度の差が小さい場合に現れます。黒曜石やガラスの割れ口がその典型です。

6面体の劈開

岩塩 NaCl
がんえん

直交する3方向に完全な劈開が発達すると、サイコロ型の劈開片ができます。このような性質を持った鉱物には、岩塩、カリ岩塩、方鉛鉱などがあります。

▽ドイツ産／長辺14cm／GSJ M 37360

岩石の結晶構造
ナトリウムを銀色で、塩素を緑色で示しています。

角柱状の劈開

硬石膏　CaSO$_4$
こうせっこう

直交あるいはそれに近い角度で交わる3方向、あるいは2方向の完全な劈開を持つ鉱物は、角柱状の劈開片を作ります。硬石膏や正長石がこの例です。
◁島根県・太田市鬼村鉱山産／左右長9cm ／ GSJ M 999

8面体の劈開

蛍石　CaF$_2$
ほたるいし

直交する4方向に完全な劈開があると8面体の劈開片ができます。蛍石がこの典型です。△アメリカ・イリノイ州ケーブ・イン・ロック産　／写真の左右長8cm

菱面体の劈開

方解石 CaCO₃

斜交する3方向に完全な劈開が発達すると、菱面体の劈開片ができます。方解石とほとんど同じ結晶構造を持つ、菱鉄鉱、菱マンガン鉱、菱苦土鉱、苦灰石なども同じ性質を示します。◁メキシコ・チワワ州産／写真の左右長10cm

薄板状の劈開

白雲母

KAI₂ (Si₃Al) O₁₀ (OH,F)₂

一方向にのみ完全な劈開があると、薄板状の劈開片ができます。白雲母、黒雲母、リチア雲母などがこの例です。
▷福島県石川郡石川町産／
標本5x5cm／
GSJ M 35461

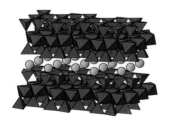

白雲母結晶構造
SiO₄の4面体を赤で、AlO₆の8面体を青で表しています。2枚の4面体層とその間に挟まれた8面体層が層状の単位となり、その間にあるカリウムイオン（黄色）で引き締められています。

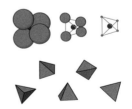

イオンの球を描かず、珪素をとり囲む酸素の中心を結んでできている4面体によってSiO₄を表すと、複雑な珪酸塩鉱物の構造がわかり易くなります。

割れ方

中国北京市郊外の
鍾乳洞

第3章

鉱物の生成

鉱物は規則正しい結晶構造を持った物質です。
鉱物を作る元素が互いにバラバラな位置関係に
ある状態から、整然と組み合わさった固体物質
に変化することが、鉱物ができるということです。
この章では、水に溶けていた状態から沈殿する
もの、高温の蒸気に分散していた状態から昇華
するもの、マグマという溶融体から晶出するもの
など、鉱物をできるプロセス"で分類して見てい
きます。

鉱物の生成

　私たち生物が、誕生し、子孫を残し、世代交代してゆくように、鉱物
も姿を変えます。結晶の種ができ、条件がよければそれが大きく成長し
ます。しかし鉱物の構造を作る元素の供給がなくなると成長が止まり、
居心地の悪い環境になればやがて溶け去る。そして、鉱物を構成してい
た成分は他の鉱物に吸収されてゆきます。鉱物は、「地球の物質サイク
ル」というドラマの登場人物に喩えられます。

　地下深くの高温高圧条件でできた鉱物や、酸素が不足した状況ででき

鉱物が生成する、あるいは鉱物が発見される主な地質環境を、地球表層の模式断面に描いたもの。
括弧書きの数字は、関連の写真が掲載された頁です。

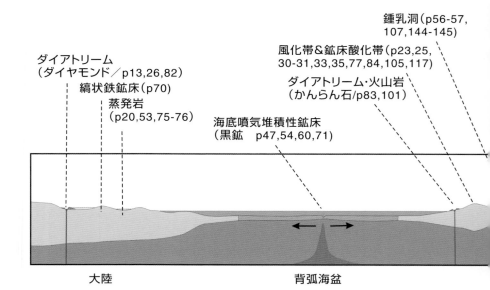

鍾乳洞（p56-57,
107,144-145）

風化帯＆鉱床酸化帯（p23,25,
30-31,33,35,77,84,105,117）

ダイアトリーム
（ダイヤモンド／p13,26,82）

ダイアトリーム・火山岩
（かんらん石/p83,101）

縞状鉄鉱床（p70）

蒸発岩
（p20,53,75-76）

海底噴気堆積性鉱床
（黒鉱　p47,54,60,71）

大陸

背弧海盆

た鉱物は、地表に現れ空気や水に触れると不安定になります。そして、水、酸素、水酸イオン、炭酸イオン、硫酸イオンなどを含んだ鉱物へと変化します。

　不安定でも、分解の速度が遅ければ、鉱物は存在し続けます。地下100kmより深い場所（マントル）で生成したダイヤモンドはその一例です。地表ではダイヤモンドより石墨の方が安定のはずなのですが、実際にはダイヤモンドはきわめてタフです。ダイヤモンドを含んでいた岩石がほとんど粘土になるほど風化が進んでも、ダイヤモンド自身は姿を変えず、岩石から解き放たれて地表を漂っています。

　私たちは、安定な鉱物、不安定な鉱物が混在した状態を普通に見ています。鉱物やその産出状態を観察することによって、物質が姿を変えてゆくプロセスを知ることができるのです。

火山岩およびその気泡、噴気孔
　（p6-7,40,61-63,78-80,106-107,133-135,153,155）
温泉沈殿物（p33,64-69）
熱水鉱脈・熱水交代鉱床
　（p2-3,10,14-15,17,28-29,32-37,44-47,72-73,93,113-119,121）
深成岩およびペグマタイト
　（p10-11,17,19,46-47,81,96,104,108-109,123,133-135,151-153）
接触変成岩およびスカルン（p87,142-143）

広域変成岩(p9,42,86,94,98,100,102,108,109,141,154)
砕屑性＆生物源堆積岩(p8,85,137-139)
超塩基性岩(p18,135,154)
層状含銅硫化鉄鉱床
層状マンガン鉱床

火山岩　　深成岩　　超塩基性岩

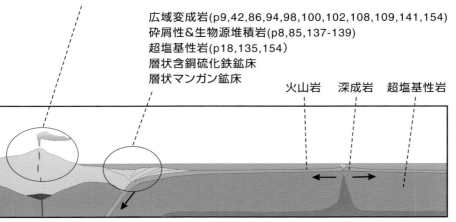

島弧　　付加体・沈み込み帯　　　　　　　　海嶺

鉱物の生成

　前ページの図は、鉱物の生成場を上部地殻の断面図に描き込んだもの
です。地下には、地球内部の熱循環に関連した物質サイクルが、地上
には大気の循環に関連した物質サイクルが起こっています。図の右側か
ら左側に見ていくと、日本列島を東西に横断するような感じになります
が、あくまでも仮想的なスケッチです。

　海底のプレートが海溝に達して陸地の下部へと沈み込む時、海底面に
たまっていた堆積物が変形され、地下へと引きずり込まれて変成しま
す。絞り出された水はマグマの発生を促進し、できたマグマは上昇して
花崗岩体や火山を作ります。マグマが冷える時に吐き出される流体が周
囲の岩盤中に浸透して鉱脈や接触鉱床を作ります。マグマの熱で暖めら
れた地下水は温泉となってわき出します。海底近くに上昇したマグマは
熱水を循環させ、海底面に重金属を堆積させます。これらは、地球内部
の熱循環に関連した鉱物の生成です。

　地表に露出した岩石は、風雨にさらされて分解し侵食されて海へと移

マグマの熱で暖められた海水
は、冷たい海底に噴き出すと
ころで鉱物を沈澱して煙突に
似た構造をつくります。熱水
の温度が250℃以下の場合に
は、主として硬石膏、石
膏、重晶石などが沈澱して白
い煙突－熱水チムニー－にな
ります。280℃を超える高温
熱水がわき出すところでは、
銅、鉄、鉛、亜鉛の硫化鉱
物ができるため、熱水チム
ニーは黒い煙を吐いているよ
うに見えます。
この写真は奄美大島西方の
海底700mに潜水した深海
調査船「しんかい2000」の
窓から撮影されました。湧き
出す熱水の揺らめきによって
チムニーはボケて見えます。

動します。乾燥地域では塩水が干上がって、蒸発岩ができます。また、金属鉱床の酸化分解や、重い鉱物の2次的濃集も起こります。石灰岩地帯では雨水で石灰岩が溶かされ、空洞中に鍾乳石が成長します。これらはいずれも大気循環に関連した鉱物の生成に当たります。

インドネシア　ジャワ島のカワイジェン火山（標高2386m）では、山頂の火口湖周辺に多数の噴気孔が並んでいます。高温の火山ガスを噴気孔からパイプで導くと、その末端から高純度の硫黄がしたたり落ちます。熔融硫黄は赤く、固結した硫黄は黄色く見えます。鉱夫は、固まったばかりでまだ熱い硫黄を割り、素手で持ち上げます。

温泉水から沈殿する

　みなさんは、コップに入った冷たい水を飲む時、ガラスや陶磁器が水に溶けているとは思っていないでしょう。水道水の水質や温度では、実際に溶け出す量は無視できるほどに微量です。それでは、水の温度が高かったり、水が酸性だったり、食塩、硫黄、二酸化炭素を溶かしていたらどうでしょう。たとえば250℃の温度条件なら、家庭用の風呂桶いっぱいの水に、親指1本分の水晶が溶けます。温度、食塩濃度ともに高い熱水なら、黄銅鉱などの硫化鉱物をかなり溶かし込むことができるのです。

　雨水が地下にしみ込んで、地下の岩石と熱交換したり、あるいは高温の蒸気を吸収すると熱水になります。熱水は軽いので、再び地表へと戻って温泉になります。温泉水は、温度の高い地下深部でさまざまな物質を溶かし込んでいますから、温度が下がったり、薄まったり、ガスが分離して水質が変化すると、それをきっかけとして鉱物が沈殿することがあるのです。

球状硫黄 S

黄色い硫黄も、微粒の硫化鉄（黄鉄鉱と白鉄鉱）を含むと黒くなります。火口湖の湖底に溶けた硫黄がたまっていますが、そこを高温の蒸気が突き抜け、直後に急冷されると中空の硫黄粒ができます。球状硫黄の存在は、湖底の温度が硫黄の融点以上であること、すなわち112.8℃以上であることを物語っています。1気圧下では、水温は100℃以上にはなりませんが、湖底では水圧がかかっているために、水の沸騰が抑えられ、高温条件が実現されるのです。
▷北海道・登別温泉大湯沼沈殿物／球の径2〜4mm

蒸気が吹き込む火口湖

北海道の登別温泉は、1万年前頃から噴火口や溶岩ドームが形成され、温泉活動が継続してきた場所です。現在でも溶岩ドーム（日和山）から火山ガスが出ています。ドームに隣接する火口湖（大湯沼）では、硫化水素を含む蒸気が湖底の溶融硫黄をかき分けながら上昇しています。硫黄は水より重いのですが、水をはじく性質があり、また球状硫黄は中空で軽いため水面に浮きます。湖水が灰色ににごっているのは、吹き込む蒸気によって湖底がいつもかき回されているためです。水面に黒い硫黄が渦を巻いている場所の湖底に、活発な噴気孔があります。溶岩ドームから、強酸性の水とともに鉄イオンが流れ込むため、湖水中で黒い硫化鉄鉱（FeS_2）が生成しています。

北海道・登別温泉日和山と大湯沼

シャンペンプールの珪華 (けいか) SiO₂·nH₂O

温度の高い熱水は、地下の岩石から相当量のシリカ（SiO₂）を溶かし、地表に大規模な珪華（シリカシンター）を生成します。代表的なシリカ鉱物である石英は、250℃の水に約600mg/kg 溶けますが、珪華を作る非晶質シリカは、25℃の水なら、約100mg/kg しか溶けません。この差に相当するシリカが地表で沈殿するのです。温泉水が広がって流れるところでは、温度の低下だけでなく水の蒸発も活発に起こるため、珪華の発達が促進されます。ニュージーランド北島のシャンペンプールは、径約60m、水深約62m の熱水湧出孔で、水底から175℃の熱水が沸き上がり、水面は炭酸ガスで泡立っています。あふれ出した熱水は、段々畑を思わせる広大な珪華を沈殿しています。珪華は純白で、陶器のような質感を持っています。

▽ニュージーランド・北島 ワイオタプ地熱地帯 シャンペンプール

珪華の断面　$SiO_2 \cdot nH_2O$

温泉水は地面の割れ目や爆裂口を通って湧き出し、地表面に沿って周辺に広がってゆきます。その水から沈殿する珪華の大部分には、水平的な縞模様ができます。しかし、温泉の湧きだし口には地表面に対してほぼ垂直な縞模様ができます。沈殿物のために水の通り道がふさがり、温泉が枯れることがあります。また、その後地下のガス圧が高まって、珪華がふき飛ばされることもあります。写真は、水蒸気爆発で破壊された珪華で、温泉湧出孔に面して成長していたブドウ状半透明の非晶質シリカが見えています。
△アメリカ・ワイオミング州 イエローストン国立公園

砒素硫化物のヘドロ　As₂S₃

砒素硫化物のヘドロ As_2S_3

硫化水素（H_2S）を多く含んだ中性の温泉水に、周囲から硫酸（H_2SO_4）などの酸性物質が流れ込むと、砒素の硫化鉱物（As_2S_3）が沈殿します。恐山の温泉・噴気帯では随所にヘドロが溜まったくぼ地があり、そこに色調の異なった径10〜25cmの漏斗型の孔が集中しています。砒素を含んだ中性の温泉水が湧き上がっている穴では黄色い沈殿が生成し、炭酸ガスのバブルだけが上昇している孔では何も起こらず水が透明です。

△青森県・恐山

石灰華 $CaCO_3$
せっかいか

地表に流れ出した温泉水が、木の葉や植物の茎などを取り込んで固まったものです。軟組織の周りに炭酸カルシウムが沈着し、その後、軟組織が分解するため多孔質になります。

▷岐阜県・高山市産／左右長13cm／GSJ M 10998

石黄の仏頭状集合体 As_2S_3

温泉水からできた砒素硫化物は、時間とともに脱水し結晶質になってゆきます。この標本では、石黄（As_2S_3）の細い結晶が放射状に配列し、仏頭状の表面を作っています。

▽青森県・恐山産／左右長9cm／GSJ M 40130

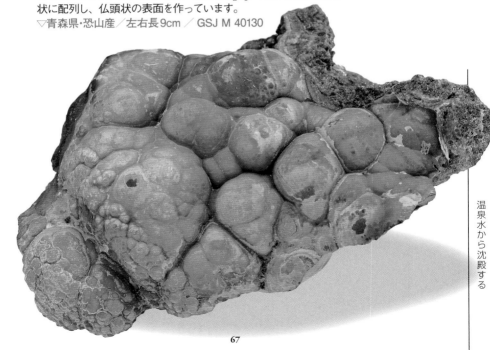

温泉水から沈殿する

褐鉄鉱床

火山地域には硫酸酸性の温泉水が湧くことが多く、その温泉を起源とする褐鉄鉱床も珍しくありません。温泉水は、その酸性度が強いほど鉄を溶かし込んでおく能力が高く、酸性度が弱まると鉄明ばん石（$KFe_3(SO_4)_2(OH)_6$）や褐鉄鉱を沈殿します。温泉水が沢を流れ下りながら、岩石と反応したり、雨水で薄められたりすると、だんだん酸性度が弱まります。やがて褐鉄鉱が溶解度の限界に達して沈殿します。群馬鉄山の鉄鉱床は大規模で、長さ1km以上、幅数10m、厚さ10m以上に達するものでした。群馬鉄山は戦後の一時期、日本最大の鉄鉱山だったことがあります。

▷群馬県・吾妻郡中之条町群馬鉄山

褐鉄鉱の鉱石

$Fe_2O_3 \cdot nH_2O$

落ち葉の佃煮のような鉄鉱石です。本来軽くて流れやすいはずの木の葉が、整然と積み重なっている様子や、葉脈などの柔らかい生物組織が鮮明に残っている様子から見て、この鉱石は流れの緩やかな窪地で沈殿したものと思われます。

◁群馬県・吾妻郡中之条町群馬鉄山産／左右長30cm／GSJ M 8796

石灰華ドーム CaCO₃

温泉水が作る大規模な沈殿物として石灰華があります。石灰華の主成分は方解石とあられ石（いずれも $CaCO_3$）です。石灰華は、温泉水から炭酸ガスが逃げ溶液の酸性度が減ることで沈殿します。二酸化炭素をたっぷり含んだ温泉水が地下で石灰岩層を通り、方解石を充分に溶かし込んでから地表に達した場合には、効果的に石灰華が沈殿します。トルコのパムッカレ、アメリカのワイオミング州のマンモス温泉、そしてこの二股温泉の石灰華はその規模の大きさで有名です。

北海道・山越郡長万部町二股温泉　石灰華ドーム

海底面上に水から沈殿する

　海の底に堆積するものには、陸地から流れてくる砂や泥、空を経由してくる火山灰などの岩石鉱物の破片、そしてプランクトンの遺骸、珊瑚礁など生物活動の産物、さらに海水中の化学反応による広域的沈殿物や、海底に吹き出した熱水がもたらす沈殿物などがあります。海水に溶けきらないものが蓄積し地層ができるのです。

　化学的プロセスあるいは化学生物学的プロセスで沈殿した鉱物や地層には、縞状鉄鉱床、マンガンノジュール、コバルトリッチクラスト、層状マンガン鉱床、ジャスパー、黒鉱、層状含銅硫化鉄鉱床（キースラーガー）などがあります。

縞状鉄鉱石

三十数億年前の地球大気には酸素が含まれていませんでした。海水は酸性で、鉄イオンを溶存していました。シアノバクテリアという微生物が繁殖するようになって、大気中の二酸化炭素が消費され、その代わりに酸素が供給され始めました。これに伴って海水中で酸化鉄が沈殿し縞状鉄鉱床を作りました。この地層は、赤鉄鉱、磁鉄鉱、菱鉄鉱などの鉄鉱物とチャート（石英）の層を含んでいます。
▷サウジアラビア産／左右長13cm／GSJ M 19366

縞状鉄鉱床は、太古の海に出現したシアノバクテリアという生物と密接に関係しています。マンガンノジュールとコバルトリッチクラストは、現在も冷たい海底で成長を続けています。黒鉱、層状マンガン鉱床、層状含銅硫化鉄鉱床は、海底に吹き出した熱水中の成分が、冷たく、化学的には中性の海水と触れることによってできたものです。

重晶石

方鉛鉱、
閃亜鉛鉱

黒鉱

今から約1500万年前、日本列島がユーラシア大陸から切り離された頃、日本海の海底では海底火山活動が繰り返され、海底の岩盤中を熱水が循環しました。 熱水には、銅、鉛、亜鉛、鉄、バリウムなどが豊富に溶け込んでおり、熱水が海底面に噴き出て冷たい海水と出会ったところで、黄銅鉱（$CuFeS_2$）、方鉛鉱（PbS）、閃亜鉛鉱（ZnS）、黄鉄鉱（FeS_2）、重晶石（$BaSO_4$）が沈殿しました。鉱物粒子が細かく黒く見えるため、この鉱石は黒鉱と呼ばれています。
△秋田県・大館市深沢鉱山産／左右長12cm／地質標本館収蔵

海底面上に水から沈殿する

熱水（高温）から
岩盤の割れ目に沈殿する

鹿児島県菱刈鉱山の
含金石英脈

　雨は川から海に注ぐ一方で、土壌や岩盤の割れ目を伝わって地下水になります。海底では、海水が地下水になります。

　地球の中心部は熱いため、地下深くに進むほど岩盤の温度が高くなります。そのため、地下に浸透する水もそれに伴ってだんだん温まり、温まって軽くなった水は隣接する冷たい水と置き換わって上昇します。

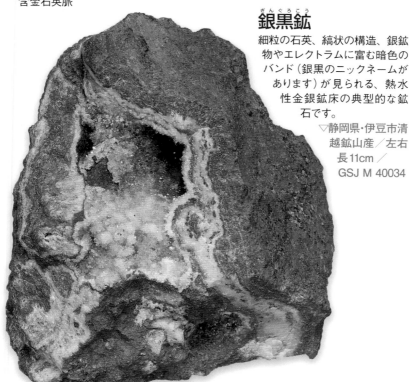

銀黒鉱
ぎんぐろこう

細粒の石英、縞状の構造、銀鉱物やエレクトラムに富む暗色のバンド（銀黒のニックネームがあります）が見られる、熱水性金銀鉱床の典型的な鉱石です。

▽静岡県・伊豆市清
越鉱山産／左右
長11cm／
GSJ M 40034

熱水は、岩石から物質を溶かし込み、またマグマや海水から引き継いだ物質を運びます。そして、岩盤の割れ目伝いに熱水が移動する途中で様々な鉱物を沈殿し、いわゆる熱水鉱脈を作ります。鉱物の水に対する溶解度は、温度、酸性度、塩素イオン濃度、硫黄濃度によって異なります。石英は熱水の温度低下、金は硫黄（硫化水素）濃度の減少、銅鉛亜鉛は温度低下と塩素イオン濃度の減少などをきっかけとして沈殿します。

鉛亜鉛マンガン鉱脈

熱水の通り道は、鉱物が沈殿すると次第に狭まってゆきます。詰まったところの下部で、二酸化炭素のガス圧が高まり、爆発的に割れ目が開くこともあります。このようなできごとは、鉱脈の縞模様として記録されます。写真は、閃亜鉛鉱 (ZnS) と方鉛鉱 (PbS) を含む菱マンガン鉱鉱脈の標本で、鉱脈の生成中に破砕が起こったことを示す角礫構造を見せています。

▷北海道桧山郡上ノ国町　上国鉱山産／左右長15cm

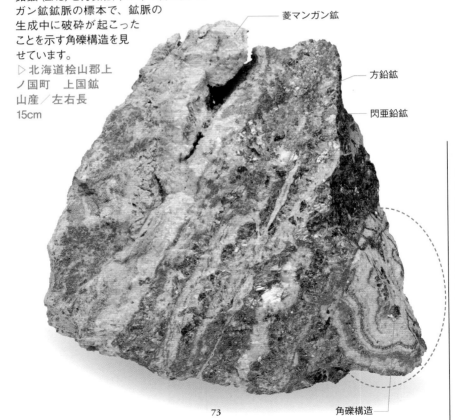

菱マンガン鉱

方鉛鉱

閃亜鉛鉱

角礫構造

熱水（高温）から岩盤の割れ目に沈殿する

73

熱水（低温）から
岩盤の割れ目に沈殿する

　石英や長石は地殻中でよく見られる鉱物です。石英も長石もシリカ（SiO_2）を主成分としているため、岩石に接している水はやがてシリカに飽和した状態になります。水に対する石英や非晶質シリカの溶解度は、少なくとも300℃ぐらいまでは温度に比例して上昇します。水の温度や、冷える速さ、水流の速さによって、沈殿するシリカ鉱物の種類や集合状態に違いが出ます。水の温度が高く（たとえば200℃以上）ゆっくり冷える場合には、スペースのゆとりさえあれば、透明で大きな水晶ができます。水が急に冷やされる場合には、最初の温度が高くても結晶粒子は細かくなりますし、オパールのような非晶質シリカになることもあります。温度があまり高くない（たとえば100 〜 150℃）水が流れてきて、少しずつシリカを沈殿する場合には、粒子の細かい石英がバウムクーヘンのように薄く積層した瑪瑙や玉髄ができます。

鐘乳状の玉髄 SiO_2

流紋岩溶岩の割れ目に侵入した温泉水、あるいは水蒸気の凝縮水から沈殿したものです。シリカは、流紋岩やそれを取り巻く火山灰から溶かし出されたものでしょう。鍾乳石とそっくりな形をしていますが、ストロー状の穴が通っていない点が異なります。
▷青森県・北津軽郡中泊町産／左右長8cm

水の蒸発によって
地表に沈殿する

　水への溶解度が高い鉱物は、水が蒸発しきるせとぎわになってようやく沈殿します。

　砂州などの形成によって海と切り離された内陸湖が乾燥地域にあると、閉じ込められた海水が蒸発して、方解石、石膏、硬石膏、岩塩、カリ岩塩などが沈殿します。この蒸発堆積物が大規模に生成され、地層中に埋没したのが岩塩層です。

岩塩の立方体結晶 NaCl
内陸の乾燥地域にある塩湖に析出したもので、岩塩として典型的な立方体の結晶を示しています。
◁アメリカ・カリフォルニア州トローナ シアレスドライレーク産／左右長4cm／GSJ M 18115

茶色の岩塩 NaCl
岩塩が沈殿する時は、極度に塩分濃度の高い水に浸かっています。高い塩濃度の環境を選んで繁殖する赤褐色のバクテリアがあり、その遺骸が岩塩に閉じ込められるとピンク〜褐色の着色が現れます。パキスタンの岩塩は、6億年前の海が干上がってできた地層で、独特の赤みを持っています。この岩塩は鉄の含有率が高いことから、酸化鉄も赤色の原因になっていると考えられています。
▷パキスタン・ソールトレンジ産／ GSJ M 30145

ウレックス石 $NaCaB_5O_6(OH)_6 \cdot 5H_2O$
ナトリウムとカルシウムの含水硼酸塩鉱物で、砂漠の塩湖や蒸発岩盆地で普通に見いだされます。ホウ素に富んだ温泉水が関係しています。霜柱状に束になって成長した細柱状結晶は、ファイバースコープのように光を減衰なく導くことから、テレビ石とも呼ばれています。ホウ素の原料鉱物として重要です。
◁アメリカ・カリフォルニア州カーン郡産／高さ4cm

　岩塩層は、その上の堆積物の荷重によって長年のうちに変形し、岩塩ドームとなって地表に突き上げます。アメリカ、中国、ドイツ、フランス、ロシア、インド、ブラジルに大規模な岩塩ドームが分布しています。

　火山性の温泉水・冷泉が蒸発する時には、重炭酸ソーダ石や各種の硼酸塩鉱物が析出します。

岩塩の大型劈開片 NaCl

もともとは海水が蒸発する最前面で沈殿した細粒の岩塩ですが、他の地層に挟まれて地下に埋もれ、ドームとして再び地表付近に突き上げたものは再結晶が進んでいます。これは、その中でも透明感にすぐれたブロックを取り出し、劈開面に沿って割ったものです。表面がなめらかであると同時に内部も透明なため、結晶内の包有物が見えます。
▷ドイツ・バーデンヴェルテンベルグ産／左右長17cm ／ GSJ M 37360

カリ岩塩 KCl

カリ岩塩は、岩塩のナトリウムの位置をカリウムで置き換えた鉱物です。結晶構造も、結晶の形も岩塩と同じです。常温では岩塩とほぼ同じ溶解度なのですが、温度上昇に対する溶解度の増加が岩塩の場合よりも大きく、そのため高温の砂漠で海水が蒸発してゆく時には、岩塩に一歩遅れて析出します。◁アメリカ・カリフォルニア州ソルトンシー産／左右長6.5cm ／ GSJ M18114

石膏(砂漠のバラ) $CaSO_4 \cdot 2H_2O$

降雨量よりも蒸発量が多い地域に砂漠ができます。砂漠では砂の下を伏流する地下水脈から、砂の粒間を通って水がはい上がり、水の蒸発とともに地表付近に塩類を残します。砂漠でも降雨があると塩類を溶かし込んだ雨水が、地表から地下へと浸透し、塩類を押し戻します。砂漠の地下ではこうして溶解度の低い鉱物が徐々に成長してゆきます。それが砂漠のバラです。砂漠のバラを作る鉱物には、石膏 ($CaSO_4 \cdot 2H_2O$) と重晶石 ($BaSO_4$) があります。砂粒の隙間に浸透した水からできたために、結晶中に大量の砂粒がくわえ込まれています。そのため、白い砂漠には白い"バラ"が、黄色い砂漠にはクリーム色の"バラ"が咲きます。
▷アルジェリア・アルジェ産／左右長17cm ／ GSJ M 40369

雨水の浸透によって
地下の空洞に沈殿する

　空気中には0.037%の二酸化炭素が含まれているため、空気を溶かしこんだ雨水は弱酸性となります。弱酸性の雨水は、石灰岩を溶かし独特の地形（カルスト）を作るとともに、岩盤の割れ目に沿ってしみ込み、方解石で飽和した水を地下の空洞にしたたらせます。この時に、水から二酸化炭素が逃げるため方解石が溶解度の限界に達して鍾乳石ができるのです。鍾乳洞では、雨水が地表で石灰岩を溶かしたのと、ちょうど逆のプロセスが起こっていることになります。

　空気中の酸素が、黄銅鉱などの硫化鉱物に作用すると、水溶液中に銅イオンと硫酸イオンが溶かし出されてきます。この水が地下に浸透して酸性度が弱まると、浸透する雨水にはすでに炭酸イオンが溶け込んでいるため、孔雀石などの炭酸塩鉱物ができます。地下に空洞があれば、孔雀石も鍾乳石（P57、P144-145参照）や石筍の形になります。

孔雀石（くじゃくいし） $Cu_2CO_3(OH)_2$

銅鉱床の酸化帯にできた、孔雀石です。ストロー状の穴がなく、頂部が丸い石筍の特徴を示しています。ザイールの銅鉱床は、銅鉱山としても、宝飾用孔雀石の産地としても有名です。　▽ザイール共和国・コルウェジ州 マシャンバ鉱山産／左右長18cm
GSJ M 40332

高温蒸気から昇華する

　水は、1気圧下では100℃で蒸気に変わります。液体の水がそこにある限り、蒸気の温度は100℃を超えません。高い山の上では気圧が低いので、そのぶん水の沸騰点は下がります。

　火山には多くの噴気孔があります。地表の噴気孔はもっと温度の高い地下深部につながっており、そこから水蒸気や二酸化炭素だけでなく、硫化水素や硫黄のガスも上ってきます。狭い噴気孔から地表に出たところで、圧力や温度が急激に下がり、そこにキラキラと光る硫黄の結晶が析出します。このように、ガス状態から直接結晶ができることを昇華と呼んでいます。

硫黄の結晶　S

火山の噴気孔に昇華した硫黄（斜方硫黄）。暗く見えている穴から約100℃の蒸気が噴き出しており、その中に細長い8面体状の結晶が連結して成長している様子が見られます。
◁北海道・函館市　恵山噴火口

もうもうと湯気を立てているのは、水の沸騰温度に近い噴気孔です。これに対し、乾いた蒸気はもっと高い温度を保った状態で地表に吹き出しています。蒸気の温度が120℃くらいになると、硫黄が溶けた状態になります。さらに温度が上がると、黄色い硫黄はガス化して飛散してしまい噴気孔は黒色〜明るい灰色に見えます。温度が数百度に達する噴気孔では、方鉛鉱、閃亜鉛鉱、黄銅鉱、輝水鉛鉱などの硫化鉱物や、赤鉄鉱などの酸化鉱物も生成します。

活火山の噴気孔

火山の噴火口は、かつて爆発した場所であり、火山ガスを発生するマグマがその直下に控えています。火山ガスの大部分は水蒸気で、二酸化炭素、二酸化硫黄、硫化水素、塩化水素などがこれに次ぎます。噴火口では、火山ガスの一部が凝縮して生成した硫酸が、岩石を侵すため、粘土や石膏ができます。岩肌が白っぽく見えるのはそのためです。ここ恵山では、かつて噴気孔に昇華した硫黄を採掘していました。
▽北海道・函館市 恵山噴火口

マグマからできる

　マグマは珪酸塩の溶融体です。玄武岩質マグマと流紋岩質（花崗岩質）マグマはできる場所が異なり、温度も化学組成も違っています。

　火山の噴火で地下のマグマだまりにあるものが地表に流れ出して火山岩ができます。それは、マグマだまりで晶出した結晶、および噴火の時点では溶融していた物質、そしてマグマだまり周辺の岩石の溶け残りも含んでいます。

石基

普通輝石

普通輝石
（ふ つう き せき）

(Ca,Na) (Mg,Fe,Ti,Al) (Al,Si) $_2O_6$

普通輝石は、安山岩、玄武岩、斑れい岩など、いわゆる色の暗い火成岩の構成鉱物として広く産出します。写真は、玄武岩マグマの中に晶出したもので、細粒の基質の中に、大きな普通輝石の結晶がポツンと含まれています。細粒の基質は、噴出直前にマグマだった部分で石基と呼んでいます。◁イタリア・ベスビアス火山産／左右長10cm／ GSJ M 40567

灰長石の結晶火山弾 （かい ちょう せき の けっ しょう か ざん だん） $CaAl_2Si_2O_8$

玄武岩マグマの冷却初期にできる鉱物が灰長石とかんらん石です。そのため、玄武岩には灰長石やかんらん石の斑晶が普通に見られます。地表に玄武岩溶岩が吹き上げる時、マグマだまりですでに大きく成長していた灰長石が巻き込まれ、噴煙柱の中で激しく振り回されると、灰長石からマグマの衣がはぎ取られます。そうして落下したものが結晶火山弾です。
▷東京都・三宅島産／
写真はほぼ実物大／
GSJ M 30057

マグマは、数％の水分を含んでいます。一方、固結した火成岩を見ると、水の含有量は大変少ないです。火成岩ができるまでに水分を失っているのです。その水分はどこに逃げたのでしょうか。1つは火山の噴煙です。噴煙にはマグマから分離した水、二酸化炭素、硫黄化合物などが大量に含まれています。これらの揮発性成分はマグマだまりの中やその周辺に取り残されることもあります。そこには、マグマの固結時だけでなくさらに温度が下がっても結晶が成長しやすい条件があり、石英、長石、雲母の大型結晶集合体ができます。それがペグマタイトと呼ばれる岩脈です。

鉄電気石

$NaFe^{2+}_3Al_6(BO_3)_3Si_6O_{18}(OH,F)_4$
花崗岩ペグマタイトには、花崗岩本体の構成鉱物である石英、カリ長石、黒雲母の大型結晶ができるだけではありません。花崗岩本体には収まりきらなかったさまざまな元素が濃縮し、多様な鉱物を作ります。写真の黒い柱状結晶が鉄電気石、白い部分は石英です。鉄電気石はホウ素を主成分に含む珪酸塩鉱物で、花崗岩ペグマタイトの常連です。▷福島県・石川郡石川町産／左右長45cm／GSJ M 40742

鉄電気石　　石英

花崗岩

煙水晶　　カリ長石

花崗岩中の小規模な晶洞

花崗岩ペグマタイトは、延長が数百mに達する巨大なものから、幅数cmのものまでさまざまです。花崗岩マグマから絞り出される流体の量や、集中する度合いを反映しているものと考えられます。この標本は花崗岩中にできた小規模な晶洞で、ペグマタイトと同様に壁面からカリ長石、水晶の美しい結晶が生えています。
◁岐阜県・中津川市苗木産／左右長13cm／GSJ M 9820

マグマからできる

81

上部マントルから
運び上げられる

　地球を掘り下げていけたら、花崗岩質の大陸地殻、玄武岩質の海洋地殻、上部マントルのかんらん岩の成層が見られるはずです。花崗岩、玄武岩、かんらん岩の比重は、それぞれおよそ2.65、3.00、3.30ですから、重い物質ほど下にある安定な状態になっているのです。マントルから地表へと物質を運び上げるには、この比重差を乗り越えるメカニズムが必要です。大陸地殻や海洋地殻の厚みは場所によって異なり、大陸の地域だと地表下30 〜 60kmで、また海洋地域だと約7km程度で上部マント

キンバーライト中のダイヤモンド　c

キンバーライトはかんらん岩に似た岩石で、30 〜 50%を占めるかんらん石のほかに、チタン鉄鉱や柘榴石を含んでいます。古い大陸地殻をほぼ垂直に貫くロウト状の岩脈として現れ、ダイヤモンドを含むことがあります。この岩脈は地表部では径が数十メートル〜 1.5km ぐらい。深さ方向には径を減じながら長く伸び、上部マントルに達しているはずです。この標本では、キンバーライトの特徴である礫状構造がよくわかります。
▽ロシア・サハ州 ウダチナヤ鉱山産／
写真の左右が1.2cm／
GSJ M 40031

ルに入ります。ということは、マントル物質が地殻を通り抜けて地表に達するには、最短でも7km以上、長ければ60km以上の落差を上らなければならないということです。

　マントルからもたらされた鉱物の代表格はダイヤモンドです。ダイヤモンドは地下100km以上の深さから、二酸化炭素の高いガス圧をエネルギーとした爆発的な噴火によって、新幹線なみの高速で地表に吹き上げられたものと推定されています。

　上部マントルからもたらされた岩石には、他に"オリビンノジュール"があります。マントルで発生した玄武岩マグマが地下深部でくわえ込んだ岩片が、噴火とともに地表に運び上げられたものです。玄武岩マグマよりかんらん岩の方が比重が大きいことを考えると、かんらん岩が沈む速さを打ち消すだけマグマの上昇速度が速かったということになります。

オリビンノジュール

Mg_2SiO_4

地下深部からストレートに地表に達する玄武岩は、上部マントルの岩石を運び上げる可能性があります。アメリカアリゾナ州ペリドットメサには、58万年前に噴出した厚さ3〜30mの多孔質玄武岩溶岩があり、その一部には体積で2〜3割程度のかんらん岩が含まれています。かんらん岩は芋状の外形を持ち、主に数mm〜10mm大の粗粒なかんらん石結晶（Mg_2SiO_4）でできています。ペリドットメサは、明るい黄緑で透明感に優れた宝石品質のかんらん石が大量に産出することで知られています。

▷アメリカ・アリゾナ州サンカルロス産／左右長9cm／GSJ M 40444

他の物質から変化する

　鉱物は、生成した時とかけ離れた環境に置かれると不安定になり、消滅したり外形を残したまま別種の鉱物に置き換えられたりします。外形から元の鉱物がわかるものは、変化の程度により3つに分類することができます。1つは化学組成も外形も変えずに、結晶構造だけ変わるケー

結晶の形を保つ

褐鉄鉱の黄鉄鉱仮晶 $Fe_2O_3 \cdot nH_2O$

黄鉄鉱の立方体結晶が、その外形を残したまま褐鉄鉱に変わっていることがあります。硫化鉱物である黄鉄鉱が、空気を溶かし込んだ雨水が浸透する環境で硫黄を解放し、代わりに酸素と水を取り込んだ結果です。黄鉄鉱中の鉄はそのまま使われ、硫黄は硫酸となって周辺にしみ出しました。

△島根県・安来市産／一辺が2.7cm ／ GSJ M 40207

スです。たとえばあられ石（CaCO₃／斜方（直方）晶系）から方解石（CaCO₃／三方晶系）への変化がこれに当たります。2つ目は化学組成も結晶構造も異なった鉱物に置き換わるケースです。たとえば木材組織が石英またはオパールに置き換えられた珪化木、黄鉄鉱やオパールに置き換えられた貝化石がその例です。3つ目は化学的に似た鉱物に変質するケースで、褐鉄鉱によって置き換えられた黄鉄鉱や、硫酸鉛鉱（PbSO₄）によって置き換えられた方鉛鉱（PbS）の例があります。

生物の形状

玉髄化した巻き貝 SiO₂

ビカリアという巻き貝の殻の内面に玉髄が沈着し、その後炭酸カルシウムの殻が溶け去ったものです。この化石は、貝殻の内面のなめらかさを引き継ぎ、永遠の透明感と硬さを手に入れました。面白い形と冷たく透き通った質感が人々の関心をひき「月のお下がり」という、ユーモラスなニックネームを与えられています。月にすむウサギの糞が天空から舞い降りる様子に見立てたようです。この化石は瑞浪層群と呼ばれる、新第三紀の凝灰質砂岩層から産出しました。
△岐阜県・瑞浪市月吉産／左右長7.5cm／GSJ M 40089

黄鉄鉱化した腕足貝 FeS₂

炭酸カルシウムの殻を持った腕足貝が、黄鉄鉱に置き換わったものです。炭酸カルシウムと黄鉄鉱の間に共通する成分はありません。有機物と貝殻を含んだ泥が海底にたまり堆積岩に変わる初期の段階で、硫酸イオンを硫化水素に変化させるバクテリアが活動し、発生した硫化水素が堆積物中の鉄と結びついて微粒の黄鉄鉱になります。この時、貝殻の炭酸カルシウムを置き換えたり、貝殻の中の隙間を満たすように黄鉄鉱が沈殿するのです。
◁アメリカ・ニューヨーク州ホランドパテント産／左右長3.7cm／GSJ M 40089

他の物質から変化する

変成岩中で成長する

　海底に堆積した粘土、砂粒、火山灰などは、海洋プレートにひきずられて沈み地下深部に移動します。温度が高くなるにつれ、粘土などの含水鉱物から水が絞り出され、水を含まない鉱物の集合体へと変わってゆ

広域変成岩

鉄ばん柘榴石

Fe$_3$Al$_2$(SiO$_4$)$_3$

400℃を超える温度条件を経た泥質岩には、鉄ばん柘榴石が普通に見られます。この標本は、黒い結晶片岩中で成長した、四周完全な赤い自形結晶です。菱形12面体と、偏菱24面体の面が出ています。

△アメリカ・アラスカ州ランジェル産／左右長25cm／GSJ M 40458

藍晶石　Al$_2$SiO$_5$

低温高圧の条件に置かれた泥質岩に、柘榴石、十字石、白雲母などとともに産出します。長い柱状〜板状で、美しい青色を見せます。

◁スイス・アルプス産／
左右長15cm／
GSJ M 40481

きます。この変化は、プレートの沈み込みという大規模な運動と連動し、広域的に起こります。こうしてできる岩石が広域変成岩です。

　変成作用で絞り出された水は、マグマの発生を助けます。水には岩石の融点を下げる効果があるからです。マグマは周りの岩石よりも軽いため、地殻の浅いところまで移動して熱を放出し、周りの岩石を熱によって変化させます。この種の岩石は、高温のマグマに接してできるため、接触変成岩と呼ばれます。

接触変成岩

灰ばん柘榴石

$Ca_3Al_2(SiO_4)_3$

灰ばん柘榴石は、カルシウムとアルミニウムを主成分とする柘榴石で、粘土を含む不純な石灰岩の変成鉱物として広く産出します。カルシウムの一部を鉄（+2）が置き換えたりアルミニウムの一部を鉄（+3）が置き換えると、茶色～暗褐色になります。この標本では、菱形12面体の面がよく発達しています。

△福島県・東白川郡鮫川村戸倉産／左右長6cm／GSJ M 9673

紅柱石　Al_2SiO_5

紅柱石は、熱変成を受けた泥質岩中に、普通に産出します。紅柱石、藍晶石、珪線石は同じ化学組成を持っていますが、安定に存在できる温度圧力条件が異なります。低温高圧では藍晶石、高温低圧だと紅柱石、高温高圧だと珪線石ができます。

◁茨城県・石岡市弓弦産／左右長17cm／地質標本館収蔵

隕石は語る

石鉄隕石（パラサイト）
GSJ R78254

鉄隕石（隕鉄）
GSJ R78253

　地球上には、現在でも1週間に数tもの星間物質（宇宙に漂っている固体粒子）が降り注いでいます。小さな粒子は大気圏に突入した時に燃え尽きてしまいますが、粒子が大きければ燃え残りが地表に達します。今から45〜46億年前、太陽系が生成した時に惑星に取り込まれなかった岩石が隕石となって地球に落ちてくるのです。隕石は、惑星の誕生、惑星の進化、地球内部の物質についての貴重な情報源となります。

　隕石は鉱物組成や組織に基づいて、鉄隕石、石鉄隕石、石質隕石に分類されます。石質隕石は、主として球状のコンドリュールよりなるコンドライトと、コンドリュールを含まないエコンドライトとに分けられます。コンドリュールは、太陽系ができる時に溶融状態で宇宙空間を漂いながら固まった球状の粒子で、かんらん石と輝石を主成分としています。コンドライト以外の隕石は、コンドライトが凝集して作った

地球内部の成長

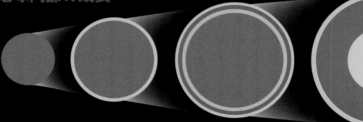

誕生直後の地球
原始の太陽の周りを回っていたちりが微惑星となり、それらが衝突・合体を繰り返して惑星となる。初期には主に鉄隕石が凝集した。

大気の形成
誕生直後の地球に、さらに微惑星や隕石が衝突が続く。水や二酸化炭素がガスとなって出てきたことにより、大気ができる。

マグマに覆われる
微惑星や隕石の衝突により発生したエネルギーが地表の温度を上げたため、地表はマグマに覆われた。

核の形成
溶融は地球内部へとおよび、鉄やニッケルなど重い金属は深く沈み込み、核を形成した。

天体の中で、成分の異なる層に分化したものです。天体が溶融すれば、重い物質が核に移動、軽い物質が地表に移動して、全体として成層した構造ができます。直径が100km以上あれば天体の内部が溶融する可能性があるといわれています。各種の隕石を地球内部の場所に対比させてみると、鉄隕石が内核に、エコンドライトがマントルに、石鉄隕石が核とマントルの境界付近になります。

つくば隕石

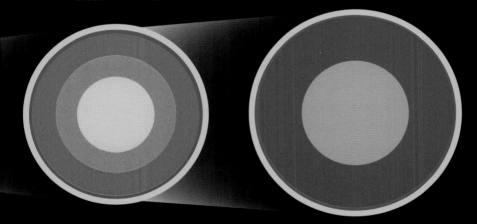

つくば隕石は、1996年につくば市に落下しました。日中だったので、大気圏内で白煙を上げた瞬間を多くの市民が目撃しました。上空で砕けてシャワーのように降りました。地質標本館という博物館の目の前です。博物館の前、しかも岩石・鉱物の研究者が多く勤めている研究機関の中に落ちてきた隕石は世界でも例がありません。回収された隕石は23個、そのうち最大のものは重さが177.5gありました。表面は、大気との摩擦ですり減り、また黒く焼け焦げています。この隕石は、コンドライトです。

茨城県・つくば市産／左右長1.7cm ／ GSJ R 71079

海洋の形成
微惑星や隕石の衝突もおさまり地表の温度が下がり、大気中の水蒸気が雨となり降り続く。この雨が地表を冷まし原始の海を作り、水が陸を削り、土砂や岩石の成分を溶かし出す。

誕生後数億年の地球
豪雨により地球の内部も冷え、岩石からできたマントル、その内側に金属の集まった核という層状構造ができた。

隕石は語る

地球の構造

　地球は半径が6378kmもある惑星です。地球の内部に何があるのか、直接見ることはできません。質量が1kgの物体に働く力と、地球の半径から、万有引力の法則により地球の質量を計算し、求めた地球の密度は5.52g/cm^{3}です。一方、大陸を代表する岩石である花崗岩の密度は2.65g/cm^3、マントルに起源を持つかんらん岩でも密度は3.3g/cm^{3}であり、地球の平均密度よりかなり小さいのです。地球の内部には、花崗岩やかんらん岩より何倍も重い物体が入っているはずです。その物体は何で、どれくらいの大きさなのでしょうか。その答えは地震波の観測に基づいて推定されています。物質は圧力の上昇に伴って密度が高くなり、密度が高いほど地震波の伝播速度が速くなります。地球が均質なら、深さに比例して地震波速度が速くなるはずですが、実際には、速度が不連続に変わる深度が4つあるので、地球内部には5つの層があると結論されるのです。

　地表から7～40kmを地殻（p波速度6～7km/s)、その下から低速度層を経て670kmまでを上部マントル（同8～10km/s)、その

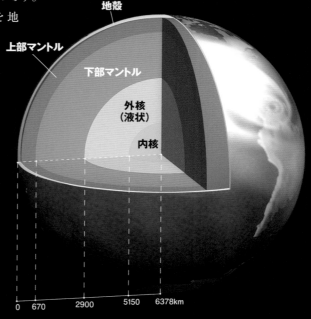

**地球の
成層構造**

下部2900kmまでを下部マントル（同10〜14km/s）、2900〜5150kmを外核（p波は8km/sまで遅くなり、S波は伝わらなくなる）、5150kmから地球の中心までを内核（p波速度は急激に上昇して11km/s以上になる）と呼んでいます。マントルはかんらん岩やそれが高圧で変化した岩石でできていますが、核は、重い鉄とニッケルの合金でできており、地球の平均密度を高めているのです。

　地球の中心温度は約6000℃、外核の表面温度は約3000℃と見積もられています。地球の核と地表の間には大きな温度差があり、そのためにマントルはゆっくりと対流を続けています。この対流が地球表面を覆うプレート間の相対運動や、プレートの中にスポット的にできる巨大火山の位置をコントロールしているものと考えられています。その考えによれば、地表から沈み込んだ冷たいプレートがある程度蓄積したあとで、マントルの底まで落ちてゆき(コールドプリューム)、代わりに熱い物質がマントルの底から地表へと間欠的に湧き上がってくる（スーパーホットプリューム）という壮大な物質循環が存在することになります。

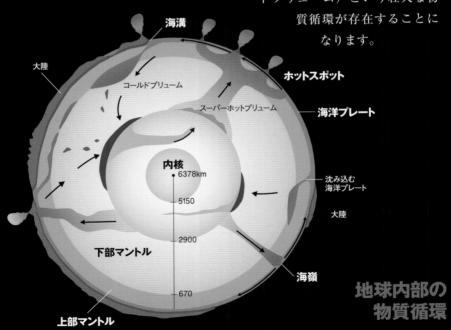

海溝

大陸

コールドプリューム

ホットスポット

スーパーホットプリューム

海洋プレート

内核
● 6378km

沈み込む
海洋プレート

5150

大陸

2900

下部マントル

海嶺

670

上部マントル

**地球内部の
物質循環**

第4章

人間が
利用する
鉱物

文明の黎明期から、私たち人類の祖先は、美し
い石やとびきり硬い石などに興味を持ちました。
石には特別な力が宿っていると考え、護符として
身につけたり、神聖さを演出する装飾として重用
してきました。文明が発達した今日では、石の実
用的な側面がよく理解され、目的に合わせて多
様な岩石鉱物が加工され利用されています。工
業製品や建築物はもちろん、生活用品や衣類、
食料生産にさえ鉱物が使われているのです。こ
の章では、用途によって鉱物を分類して、紹介
してゆきます。

閃亜鉛鉱
ロシア・ニコラエフスキー鉱山産／
左右長10cm ／ GSJ M 40077

誕生石

　幸運に恵まれたい、美しい石に意味を見つけたいと思う心が、誕生石という習慣を生み出しました。日本の誕生石は、1958年に全国宝石卸商協同組合が定めたもの。2021年に改訂され、現在では29種類の宝石を12ヶ月に割り当てています。

1月 ガーネット

鉄ばん柘榴石 $Fe_3Al_2(SiO_4)_3$
苦ばん柘榴石 $Mg_3Al_2(SiO_4)_3$

　1月の誕生石はガーネット（柘榴石）です。果物の柘榴の実に似た赤い粒として現れます。化学組成の変化によって、色も、黒、白、赤、橙、黄、緑などに変わりますが、宝石としてもっとも親しまれているのは、赤ワインに似た色調の、鉄ばん柘榴石と苦ばん柘榴石です。鉄ばん柘榴石は、花崗岩（火成岩の一種）や結晶片岩（変成岩の一種）の中で成長し、また、苦ばん柘榴石はとても高い圧力でできた火成岩や変成岩中に含まれています。12面体と24面体のはっきりした結晶を作り、目につきやすい鉱物です。人類が5000年前から宝石として使ったのは、見つけやすかったためもあるでしょう。

鉄ばん柘榴石の原石
結晶片岩中に成長した赤い結晶。
△アラスカ・ランジェル産／地質標本館収蔵／左右長2cm／GSJ M 31539

鉄ばん柘榴石のカット標本
▷ブラジル産／左右長0.9cm／GSJ M 31968

2月 アメシスト SiO₂

　2月の誕生石はアメシスト（紫水晶）です。"アメシスト"は、紫色の水晶に姿を変えた少女の名前としてギリシャ神話に登場します。それほど古い時代から、美しく気品のある色調を見せるアメシストは、宝石として大切にされてきました。

　地球上でもっとも多い酸素と2番目に多い珪素が2:1の比率で結びついた鉱物が石英で、そのうち透明度の高いものや、規則正しい六角柱の形が現れたものを水晶と呼んでいます。したがって、石英はごくありふれた鉱物ですし、石英の仲間であるアメシストも、良質のものが豊富に産出します。

　アメシストが理想的な美しさを持ちながら、宝石としては比較的安価なのはそのためです。ごく微量（1kg中に数十〜数百mg程度）の鉄イオンを含むことが着色の原因です。強い光にさらすと結晶の状態が変化し色が薄くなります。古い時代の玄武岩溶岩の空洞から見い出されるブラジルのアメシストは、冷えた溶岩にしみ込んだ雨水によって溶かし出された成分が、長い時間をかけて成長したものだと考えられています。

アメシストのカット標本
▽左右長1.5cm／
GSJ M 31759

アメシストの原石
玄武岩の空洞中に、六角柱の面を接して多くの結晶が密生し、ほとんど3角形の錐面だけを見せています。
◁ブラジル・ミナスジェライス州産／
左右長10cm／地質標本館収蔵

誕生石

95

3月 アクアマリン Be$_3$Al$_2$Si$_6$O$_{18}$

　3月の誕生石は、アクアマリンと呼ばれるベリル（緑柱石）の一種です。アクアマリンはラテン語で"海の水"を意味します。

　緑柱石は、淡い緑、濃い緑、ブルー、黄色、ピンク、無色透明、白色など、さまざまな色調を見せる鉱物です。そのうち、ブルーのものをアクアマリン、濃い緑色のものをエメラルド、ピンクのものをモルガナイトと呼んでいます。着色の原因は、少量含まれているマンガン（ピンク）、鉄（黄色）、クロム（緑色）だといわれています。

　アクアマリンは、花崗岩を作るマグマが冷える時に、マグマから絞り出された水やガスが集まったところ

アクアマリンのカット標本
△左右長1.2cm／地質標本館

（ペグマタイト）で誕生します。ペグマタイトでは、石英、長石、雲母が大きく成長するだけでなく、普通の造岩鉱物には入らない元素、たとえば、ベリリウム、リチウム、ホウ素、フッ素などを主成分とする鉱物もできます。緑柱石はベリリウムの重要な資源鉱物です。ブラジル、パキスタンなどから産出します。

アクアマリンの原石
花崗岩ペグマタイトの空洞に面して成長したもので、きれいな六角柱状の結晶形を見せています。アクアマリンの周りを囲んでいる薄板状の結晶は白雲母です。
▷パキスタン産／写真左右長15cm 相当／ GSJ M 36354

4月 ダイヤモンド c

4月の誕生石は宝石の王者といわれるダイヤモンドです。すべての石の中でもっとも硬く、透明で強いきらめきを見せ、化学的にも安定です。紀元前2～3世紀にインドで最初に発見され、異常に硬い石として注目されました。産出がまれなうえ、硬さのために加工が難しく、それゆえに美しくカットされたものの価値は高く、富や社会的地位のシンボルとなりました。

ダイヤモンドが最初に発見された時、川の砂礫中にありました。どこから流されてきたのかは謎でした。風雨にさらされても分解せず、すり減らないため、岩石から分離したダイヤモンドの結晶は長い時間にわたって、地表付近を漂流していたのでしょう。ダイヤモンドを含んだキンバーライトという火成岩が南アフリカで発見されたのは19世紀の後半です。

**ダイヤモンドの
カット標本**
△ブラジル・
クイアバ産／
径5mm／
GSJ M31321

キンバーライトを作ったマグマは炭酸ガスに富んでおり、地下150～450km（上部マントル）の深さから高速で吹き上げたものと考えられています。今日世界で知られている、ダイヤモンドを含んだキンバーライトの大部分は、5000万～10億年前に噴出したものです。高い圧力条件で生まれたダイヤモンドは、地表まで速く移動しなければ石墨に変化していたことでしょう。

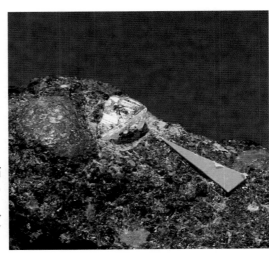

ダイヤモンドの原石
赤い矢印の先にあるのが、
ダイヤモンド結晶。
▷ロシア・ヤクーツクミール
鉱山産／結晶粒3mm／
GSJ M 15631

誕生石

97

エメラルドの原石
結晶片岩の中にできたもので、片理にそって六角柱状の結晶が伸びています。緑色の濃さは結晶粒子によって違っています。
△オーストリア・ザルツブルグ産／
長さ2〜4mm／GSJ M 37361

5月 エメラルド　$Be_3Al_2Si_6O_{18}$

　5月の誕生石は、濃い緑色のエメラルドです。微量に含まれているクロムが緑色の原因です。アクアマリンと同じベリル（緑柱石）の一種です。透明で品質の高いエメラルドは大変に珍しいため、ダイヤモンドより高価なものもあります。

　エメラルドは変成岩中で、滑石、雲母などとともに、すき間のないところで成長するため結晶は大きくなりにくく、また結晶中には雲母などの鉱物粒子を包み込んだり、ひび割れができていることが多いです。天然のエメラルドでは、欠点のない結晶は大変にまれです。ベリルの主成分元素となるベリリウムは花崗岩に縁が深く、クロムは蛇紋岩やかんらん岩に多く含まれています。互いに縁の薄い2つの元素をともに含むエメラルドは、アクアマリンに比べて断然珍しい筈です。宝石品質のエメラルドは、コロンビア、ジンバブエ、ザンビア、パキスタン、アフガニスタンなどから産出します。

エメラルドのカット標本
長方形の角を切り落とした形は、貴重な原石のロスを最小限にするために考えられました。エメラルドカットとも呼ばれています。△ブラジル・ゴヤス州産／長径4mm／GSJ M31378

　丸く磨かれた中に放射状の筋（石墨）が見えるエメラルドはトラピッシェエメラルドと呼ばれています。
▽コロンビア・ムゾ産／
左右長0.9cm／GSJ M 31380

6月 ムーンストーン (K,Na) AlSi₃O₈

日本では、ムーンストーンと真珠が6月の誕生石になっています。いずれも乳白色半透明〜不透明で、石の中から光が出ているような柔らかな輝きを見せます。

高温のマグマから均質な結晶として生まれたアルカリ長石がゆっくり冷える時、結晶中でナトリウムの多い層とカリウムの多い層に規則正しく分かれます。外から見ると1つの結晶ですが、中身は組成の異なる長石の薄い板（ラメラと呼びます）が交互に重なった状態に変わっているのです。結晶の表面から差し込んだ光は、屈折率が異なるラメラの境界で反射して結晶の外に出てきますが、ラメラの間隔が数μm程度で、しかも規則的な場合には、見る方向により特定の波長の光が強められて結晶が色づいて見えます。これがムーンストーンの青い閃光の原因です。閃光は見る角度によって見えたり見えなかったりします。宝石品質の石の産地には、ミャンマー、スリランカなどがあります。

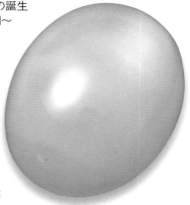

ムーンストーンの宝石
ドーム型に磨きあげる（カボッションカット）と、一般にムーンストーンの青い閃光が見えやすくなります。△インド産／直径2cm／GSJ M 32069

ムーンストーンの原石
流紋岩の斑晶だったハリ長石（アルカリ長石の一種）が岩石の風化に伴って分離したもの。光の方向をうまく加減すると青い閃光が見えます。
▷北朝鮮・咸鏡北道産／左右長5〜6mm／GSJ M36256

7月 ルビー Al_2O_3

ルビーはダイヤモンドに次いで硬く、血のように赤く透明で、化学的にも安定です。宝石に使えるほど透明で大きく、しかも包有物や傷のない結晶は少ないため、10カラットを超える宝石はとても貴重です。宝石の値段がダイヤ

ルビーのカット標本
ハート型にカットされた濃赤色のルビー。
△径5mm ／ GSJ M 31347

モンドにひけをとらないのはそのためです。全世界の宝石ルビーの生産量は、ダイヤモンドの30分の1程度だといわれています。
ルビーは鋼玉と呼ばれる鉱物の1種で、アルミニウムと酸素が結びついた物質です。鋼玉は、結晶構造中のアルミニウムの一部を置き換えて入るクロム、鉄、チタンなどの微量元素のために着色します。ルビーの赤い色は、たとえば0.02〜1%程度の微量のクロムが原因です。クロムが入った部分が緑と青の光を吸収するために、透過光が赤く見えるのです。ルビーはアルミニウムとクロムを含んだ岩石が変成され、鉱物が再結晶する時にできます。熱の影響で変成した石灰岩中にできたルビー（ミャンマーなど）と、角閃石ゆうれん石片麻岩中にできたルビー（タンザニアなど）がその例です。

ルビーの原石
黒雲母石英片麻岩中で、石英に包まれて産出する六角柱状のルビー。
◁インド産／
左右長8cm／
GSJ M40246

8月 ペリドット (Mg,Fe)₂SiO₄

珪酸塩鉱物であるかんらん石（英名はオリビン）の一種
で淡い緑色です。"かんらん"は植物のオリーブを
指す言葉です。緑色の原因は数％程度含まれ
ている鉄にあります。透明で品質の高い原石
が豊富に供給されるため比較的安価です。
かんらん石は、玄武岩や斑れい岩などの火
成岩に含まれる造岩鉱物です。透明、緑
色で大粒のものが宝石になります。かん
らん石は、地球内部のマントル層では
主成分を構成し、地下深部から噴き
上げた玄武岩溶岩に取り込まれて
地表に達します。

かんらん岩の岩体そのものが、地
殻の割れ目に沿って地表まで押し
上げられることもあります。その途
中で、岩石の割れ目沿いに移動し
た熱水や、近くに入ってきたマグ
マの影響で、かんらん石が再結晶
することがあります。パキスタンや
ビルマの山岳地帯、紅海のザバル
ガート島で大粒の結晶が採掘され
ていて、ザバルガード島から出た
世界最大級のペリドットは310カ
ラットもあります。

ペリドットのカット標本
西洋梨に似て一方が丸く一方が絞れ
たこの形は、梨型カット、あるいは涙
型カットとも呼ばれています。
△アメリカ・アリゾナ州ペリドット産／
左右長0.9cm／
GSJ M 32121

ペリドットの原石
玄武岩溶岩に取り込
まれて地表に達したか
んらん岩です。草緑
色がペリドット。
▷長崎県・唐津市高島
産／粒子1～4mm／
GSJ M 38683

9月 サファイア Al₂O₃

サファイアもルビーも、同じコランダム（鋼玉）ですが、色調の違いで呼び分けられています。赤がルビー、それ以外の色がサファイアです。宝石としては青い石やスターの現れるものがポピュラーです。サファイアは、ルビー、ダイヤモンド、エメラルドとともに四大宝石と呼ばれ、珍重されています。

サファイアの青い色は、結晶構造中のアルミニウムの一部を置き換えて入る、鉄、チタンなどの微量元素が原因です。変成岩やシリカに乏しい火成岩の中で成長します。地下深部で玄武岩マグマに取り込まれて地表に運び上げられることもあります。サファイアを含む岩石が風化してゆく時、特別に分解しにくいサファイアはほとんど無傷で生き残ります。川の流れで下流に運ばれる時も、硬くてすり減りにくいだけでなく、他の岩石より重いため砂礫層の一部に集まります。

サファイアのカット標本
△オーストラリア産／
径0.4cm／
GSJ M 31352

ミャンマー、マダガスカルでは、古くから砂礫層中のサファイアを採取してきました。現在では、オーストラリア・クインズランド州の生産量が増えています。サファイアは丈夫で耐熱性にも優れた物性を持つため、工業部品の素材として回転軸受け、高級腕時計の窓材、レーザー発信素子、半導体基板などに用いられています。

サファイアの原石
変成岩中で成長した六角柱状のサファイア。透明度が悪く宝石品質ではありませんが、コランダムの典型的な結晶形を示す標本です。
▷マダガスカル産／
写真の左右長7cm／
GSJ M40252

10月 オパール SiO$_2$·nH$_2$O（含水珪酸）

　10月の誕生石は、見る角度によって様々な色調がきらめくオパールです。他の宝石が示すあらゆる色調を見せることから、中世の人々は、オパールが価値を凝縮した宝石であり、それゆえに所有者に大きな幸運をもたらすと考えていました。オパールは、比較的柔らかく、脱水に伴ってひび割れを生じる恐れがあのでていねいに扱う必要があります。

　オパールは、石英と同様に珪酸（シリカ）が主成分ですが、水を含むこと（数%〜20%）、非晶質である点で石英とは異なっています。地表に近い地層中では、水はほとんどの場合オパールで飽和しています。水の温度が下がっても、水が蒸発してもオパールが沈殿する理屈です。透明感があって美しい色調のオパールは産出がまれなため、プリシャスオパール（貴蛋白石）と呼び珍重しています。一方、白く不透明で、ゆで卵の白身のような質感のものはコモンオパールと呼ばれます。光を散乱する非晶質珪酸の微細な球がぎっしりと詰まっていて、球体の大きさが粒揃いで並び方も規則正しいと豊かな色調が生まれます。

**オパールの
カボションカット標本**
プリシャスオパールのように、方向によって異なる色調を示す石をもっとも魅力的に見せる磨き方が、ドーム形のカボッションカット。このカット標本では、半透明の地の中に、緑や青い色調が浮き出しています。
△オーストラリア産／左右長1.2cm／
地質標本館収蔵

オパールの原石
水酸化鉄を含んで褐色となった砂岩中の割れ目を充たしてできたオパール。
▷オーストラリア・クインズランド州／12cm／
GSJ M 17129

11月 トパーズ $Al_2SiO_4(OH,F)_2$

　11月の誕生石は黄玉です。黄玉よりはトパーズとい
う名前の方が知られているかもしれません。トパーズ
は珪酸塩鉱物の中ではもっとも硬く、研磨によって強
い光沢が現れます。宝石としては黄色のものが一般的
ですが、無色透明、ブルー、ピンク、茶色など、様々
な色調のものがあります。

　黄玉はアルミノ珪酸塩で、フッ素の含有率は10〜
20%に達します。フッ素は地殻の平均的な岩石の中
では珪素の500分の1程度、海水中では塩素の1万分
の1程度しか存在しません。しかし、花崗岩質のマグ
マが冷えて固まるときに絞り出される蒸気や熱水には、
ホウ素などとともにフッ素が濃集します。この流体が
地下深部のマグマ中で濃集して花崗岩ペグマタイトを
作り、マグマから周辺の岩石中に逃げて鉱脈を作りま
す。このような場所に、黄玉が生成するのです。とく
にペグマタイトでは結晶が大きく発達していることが
あります。1984年にブラジルで発見された重さ6.2kg
に達する結晶は、これまでに発見された単結晶として
は最大のもので、"エルドラド"と名付けられ英国王室
のコレクションとなっています。

　宝石品質の黄玉の産地としては、ロシア、アメリカ、
アフガニスタンなどが知られています。

**シェリー酒色の
トパーズ単結晶**
△ブラジル・ミナスジェライ
ス産／左右長4cm／
GSJ M 1578

トパーズのカット標本
▷メキシコ産／左右長1.1cm／
GSJ M 31978

12月 トルコ石(いし) $CuAl_6(PO_4)_4(OH)_8 \cdot 4H_2O$

　12月の誕生石はトルコ石です。トルコ石は青〜青緑色の微細結晶集合体として産出し、ほとんど不透明です。中世のヨーロッパでこの石の交易の中心がトルコにあったことが、名前のおこりです。トルコはトルコ石の主要産地ではありません。トルコ石は、最も古い歴史を持つ宝石の1つです。

　トルコ石は銅とアルミニウムの含水リン酸塩鉱物で、その大部分は銅鉱床の風化に伴って地表付近に生成したものです。黄鉄鉱などの硫化鉱物を含む鉱床が雨水にさらされると、硫化鉱物中の硫黄は硫酸に変わるため、酸性の水ができます。酸性の水が地下にしみ込んでゆく時、地下の岩石中にある黄銅鉱、カリ長石、燐灰石などから、それぞれ銅、アルミニウム、リン酸の各イオンが溶かし出されます。その水が岩石中に浸透してトルコ石を沈殿するのです。生物の排泄物や遺骸がリン酸の供給源となることもあります。産地としては、イラン、中東のシナイ半島、中国、アメリカなどが有名です。イランは2000年にわたって良質の原石を産出し続けています。

トルコ石のカボッションカット標本
▽左右長1.8cm ／ GSJ M 32007

脈を満たした
淡青色のトルコ石。
▷アメリカ・アリゾナ州
キングマン鉱山産／
写真の左右長7cm／
GSJ M 37231

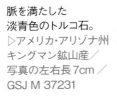

縦書き：誕生石

飾り石・宝石

　誕生石として知られているものの他にも、装飾用に用いられている多くの岩石鉱物があります。色調が美しい、模様が面白い、価格が安い、そして比較的大きな塊が得られるものは、装飾石材として利用されます。これには、縞瑪瑙、ジャスパー、オニックスマーブル、ソーダライト、孔雀石、天河石、チャローアイトなどがあります。硬くて透明感があり磨きがいがあるもの、そして価格の高いものは、宝石に加工されます。翡翠、リチア電気石、リチア輝石がこれに含まれます。

縞瑪瑙 SiO_2

岩盤のすき間を伝わって移動した水が、壁に沿って微粒子の石英を沈殿してできたものです。水質や温度の変化でシリカの沈殿速度や結晶粒子の大きさが変わったり、シリカ以外の物質が沈殿します。縞模様は、水の側に起こった変動の記録なのです。赤い縞には赤鉄鉱が、黄褐色の縞にはごく微量の針鉄鉱が含まれています。熱水の流入経路がせばまると、運び込まれるシリカの量が極端に減ります。その結果シリカの沈殿速度は遅くなり、石英結晶が大きく成長する条件ができます。この標本の中央部は、結晶粒子が粗く不純物が少ないため、透き通って見えます。

◁メキシコ・アレラマ産／写真の左右
長7cm／
GSJ M 40186

オニックスマーブル CaCO$_3$

縞模様のある細粒の方解石をオニックスマーブルと
呼んでいます。石灰岩の空洞に沈殿したものです。
縞模様に沿って、あるいは縞模様を切るよう
に、水酸化鉄の茶色い層が入っています。
淡緑色〜乳白色半透明の淡いトーンの
マーブルの中で、水酸化鉄のストラ
イプが効果的なアクセントになっ
ています。
▷パキスタン産／左右長
15cm／GSJ M 33687

鉄石英

微粒の赤鉄鉱を含んで赤い色を見せる玉髄で
す。流紋岩に特徴的な球状構造が見えること
から、流紋岩溶岩の一部にシリカと赤鉄鉱が
付け加わってできたということがわかります。
◁岩手県・花巻市産／左右4.5cm／
GSJ M 3561

ジャスパー

玉髄質の石英で、他の鉱物を含んで色
づいているものをジャスパーと呼んでい
ます。鉄石英もジャスパーの一種です。
この標本は、流紋岩質の凝灰岩を母材と
してできたジャスパーで、セラドナイトを
含んでいます。セラドナイトは雲母の構
造を持った濃い青緑色の粘土鉱物です。
▷東京都・小笠原村父島産／
左右長8cm／GSJ M 34468

翡翠輝石 （ひすいきせき） Na (Al,Fe) Si_2O_6

純粋な翡翠輝石は無色なのですが、他の微細な鉱物粒子が混在すると、緑、白色、薄紫、ピンク、褐色、青など、様々な色調になります。鮮やかな緑色はクロムを含むコスモクロア輝石（$NaCr^{3+}S_2O_6$）が、また渋い緑は鉄（2+）を含有するオンファス輝石（Ca, Na）（Mg, Fe, Al）Si_2O_6 が混在しているためです。硬度は6〜7で、非常に硬いというわけではありません。しかし、結晶粒子が密に組み合わさているため、衝撃に強く割れにくいという特徴があります。微粒子の混合物が多く、乳白色〜緑色半透明で着色にムラがあるのが普通です。その不均一さも魅力の一部です。
▷新潟県・糸魚川市小滝産／
左右長 14.5cm ／
GSJ M 40566

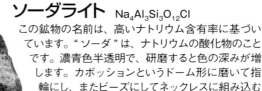

ソーダライト Na$_4$Al$_3$Si$_3$O$_{12}$Cl

この鉱物の名前は、高いナトリウム含有率に基づいています。"ソーダ" は、ナトリウムの酸化物のことです。濃青色半透明で、研磨すると色の深みが増します。カボッションというドーム形に磨いて指輪にし、またビーズにしてネックレスに組み込む使い方が一般的です。シリカ濃度の低い火成岩やそのペグマタイト中に産出します。生産量が多いために比較的安価です。硬度が5.5〜6とやや軟らかく、しかも劈開が発達するなど、宝石としての弱点もあります。
◁ブラジル・クレベロ産／左右長 12.8cm ／
GSJ M 40628

天河石 （てんがせき） (K, Na) AlSi$_3$O$_8$

微斜長石のうち、青〜青緑色のものを天河石（アマゾナイト）と呼んでいます。最近の研究により、カリウムを置き換えて入る微量の鉛によって結晶構造がひずみ、そこが赤や橙の光を吸収するために青く見えるといわれています。ビーズやカボッションに磨いて装身具にされるほか、彫刻の素材にも使われます。
▷アメリカ・コロラド州パイクスピーク産／
高さ8.5cm ／ GSJ M 40640

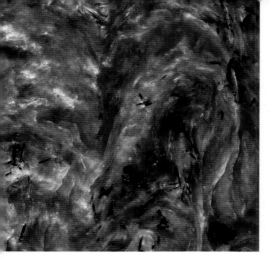

チャローアイト

K (Ca, Na) $_2$Si$_4$O$_{10}$ (OH, F) ·H$_2$O

ロシア・サハ州のムルンスキー陸塊で1947年に発見された鉱物で、淡いライラック～濃紫の鮮やかな色調と、絡み合った繊維が渦を巻いたような集合組織が特徴です。研磨すると美しく幻想的な表情を見せます。不純な石灰岩が、アルカリ閃長岩に貫かれたところに生成し、黒色針状の錐輝石を伴っています。
◁ロシア・サハ州産／
写真の左右長約4cm

リチア輝石 （きせき） LiAlSi$_2$O$_6$

リチア輝石は、微量のマンガンを含むとピンクに色づき、微量のクロムでは、エメラルドグリーンに着色します。見る方向によって色の濃さが変わって見えるので、カットして宝石にする時には、色がもっとも濃く美しく見える方向を出すようにします。花崗岩ペグマタイト中に、鱗雲母やリチア電気石等のリチウム鉱物に伴われて産出します。
▷アフガニスタン・クナール産／
左右長 10.4cm ／ GSJ M40569

リチア電気石 （でんきせき）

Na (Mg,Fe,Li,Mn,Al) $_3$Al$_6$ (BO$_3$) $_3$Si$_6$O$_{18}$ (OH,F) $_4$

電気石は三角形に近い断面を持つ柱状の結晶を作り、花崗岩ペグマタイトや、花崗岩の熱で変成された堆積岩中に広く産出します。電気石の化学組成は変化に富み、鉄を多く含むものは黒くてほとんど不透明ですが、マグネシウムが多いものは褐色で多少透明度が増します。リチウムに富むタイプはさらに透明感が増し、白、ピンク、赤、緑、青などデリケートな色調が現れるれるため、宝石として使われます。結晶の中心から周辺に向かって、赤→緑色に変化するもの、結晶の根本から先端にかけて、褐色→緑→ピンクと変化するものは、特に珍重されます。
◁アフガニスタン・パブロクノーリスラン産／ 7cm ／
GSJ M 40543

飾り石・宝石

役に立つ鉱物―Ⅰ

　私たちの生活は鉱物資源なしには成り立ちません。建物や道路の建設に必要な鉄鋼、コンクリートを作るためのセメント、電気を送る電線、ICチップに使うシリコンウェハー、原子力発電のエネルギー源、衣類、歯の治療や人工骨の素材に至るまで数え上げると驚くばかりです。鉱物資源はその利用形態によって、元素原料鉱物、工業原料鉱物、燃料鉱物に分類されます。

元素原料鉱物

元素原料鉱物とは、文字通り元素を抽出するために使う鉱物です。目的元素の含有率が高くても、抽出に大きなエネルギーが必要だと鉱石としては価値が低くなります。ですから、どんな鉱物にその元素が含まれているかが大切です。鉱石として採掘できる限界の元素濃度は、需要と供給のバランスによって変動します。ここでは、元素周期表の並びに沿って、アルカリ元素、アルカリ土類元素→遷移金属→典型金属→半金属元素の順に、代表的な元素原料鉱物を紹介してゆきます。

鱗雲母(リチア雲母)

$K(Li,Al)_3(Si,Al)_4O_{10}(F,OH)_2$

鱗雲母は、リチア輝石 $LiAlSi_2O_6$、ペタライト $LiAlSi_4O_{10}$、塩湖堆積物と並ぶ、重要なリチウムの原料鉱物です。ピンク、ラベンダー、無色など、明るく美しい色調の鱗片状結晶を作り、リチア電気石、リチア輝石などと共に、花崗岩ペグマタイトから産出します。リチウムは、リチウム電池の原料として、また軽量で壊れにくいセラミクスの原料として使われており、今後も大幅な需要増が見こまれます。

鱗雲母はルビジウムを2-3%含有することもあり、ルビジウムの原料鉱物としても重要です。ルビジウムは、炭酸ルビジウムの形で光学ガラスの添加剤として、また、医療分野では血管造影剤の添加物として少量使われています。ルビジウムの放射性同位体 ^{87}Rb は、その壊変によって生まれるストロンチウム同位体 ^{86}Sr とともに、古い岩石・鉱物の年代測定にも使われています。

◁福岡県・福岡市長垂山産／←5.5cm →／ GSJ M2101

緑柱石　$Be_3Al_2Si_6O_{18}$

<ruby>緑柱石<rt>りょくちゅうせき</rt></ruby>

緑柱石は、ベリリウムの代表的な原料鉱物です。色調が美しく、透明感に優れ傷の
ないものは宝石として珍重され、古くからエメラルドやア
クアマリンなどの宝石名で知られています。緑柱石は主と
して花崗岩ペグマタイトから回収されています。
ベリリウムはX線の透過率が高いことから、医療用、物
質研究用のX線源の窓剤として、また軽量で剛性が高い
ことから、音響スピーカーの振動板として、さらに強度と
弾性に優れたベリリウム銅を作るための添加剤として使
用されています。

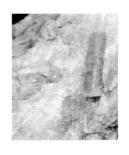

▷佐賀県・佐賀市富士町杉山産／←3cm→

天青石　$SrSO_4$

<ruby>天青石<rt>てんせいせき</rt></ruby>

天青石は、ストロンチウムの主要な原料鉱物です。
無色、淡青色、淡紅色、緑色、褐色など様々な色
調を示します。淡青色透明な自形結晶には、傑出
した美しさがあり、飾り石として人気があります。
石灰岩、ドロマイトなどの堆積岩に伴って、また
海水の蒸発岩の一部に産出します。ストロンチウ
ムは、加熱すると深紅の光を放つことから、花火
の着色剤、信号弾、曳光弾に使われます。ストロ
ンチウムはまた、ストロンチウムフェライト磁石と
して小型モーターやスピーカーに、そしてセラミッ
クコンデンサーにも使われています。

◁マダガスカル産／←10cm→

ゼノタイム　YPO_4

ゼノタイムは、イットリウムの最も重要な原料鉱物で
す。灰色～黄褐色でガラス光沢を持ち、両錐形の
結晶を作ります。主として花崗岩やそのペグマタ
イト中に生成されます。風化に強く重いため、
河川堆積物中に濃集することもあります。
イットリウムの酸化物 Y_2O_3 は、一部をユー
ロピウム Eu^{3+} で置換することで赤色の蛍光
を発することから、プラズマディスプレイの
スクリーンに使われています。イットリウム
を含む合成ガーネットはレーザー光源として
利用されています。

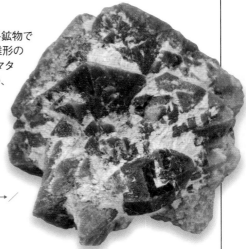

▷福島県・石川郡石川町外牧産／←2.5cm→／
GSJ　M40699

ルチル（金紅石）<ruby>金紅石<rt>きんこうせき</rt></ruby> TiO$_2$

ルチルはチタン鉄鉱とともに、チタンの原料鉱物として採掘されています。金属チタンは、軽量で機械強度が高く、耐熱性、耐腐食性にも優れているため、化学プラントや医療材料に広く利用されています。二酸化チタンには光触媒作用があり、脱臭剤、抗菌剤、防汚剤としての活用が増加しています。ルチルは、花崗岩、ペグマタイト、変成岩に、副成分鉱物として広く含まれています。
◁ブラジル・ミナスジェライス州産／
←3cm→／GSJ M34200

ジルコン ZrSiO$_4$

ジルコンは、ジルコニウムとハフニウムの原料鉱物です。暗褐色、黄色、オレンジ色、緑色、灰色などの幅広い色調を示し、短柱状、両錐状の結晶として花崗岩、ペグマタイト、カーボナタイトに含まれています。石英以上に硬くまた地表や低温低圧条件下では化学的にも安定で、火成岩のみならず、堆積岩や変成岩中にも含まれています。比重が4.6もあるため、他の重鉱物とともに砂礫質の河床堆積物や海岸の砂に濃集します。ジルコニウムは耐腐食性に優れた金属で、原子燃料の被覆材として使用されています。しかし金属よりも酸化ジルコニウム ZrO$_2$ として利用される量が多く、製鉄用耐火煉瓦、研磨剤、セラミックコンデンサーなどが作られています。

△ブラジル・ゴイアス州産／径1cm

褐鉛鉱<ruby>褐鉛鉱<rt>かつえんこう</rt></ruby> Pb$_5$(VO$_4$)$_3$Cl

バナジウムを主成分とする数少ない鉱物の一つ。褐鉛鉱は産出が希な鉱物ですが、鉛鉱床の酸化帯に大量に生成しているところもあります。現在、バナジウムは主に精錬の副産物として回収されています。バナジウムは、主に鋼への添加剤として利用されています。バナジウム鋼は強度と耐熱性に優れているため、高層ビルの構造鋼材やエンジンバルブなどに使われています。
◁モロッコ・ミブラーデン産／←6cm→

マンガンタンタル石 $(Mn,Fe)(Ta,Nb)_2O_6$

コルンブ石ータンタル石系列は、ニオブとタンタルの主要な原料鉱物であり、花崗岩ペグマタイトや、花崗岩地帯の砂鉱床から回収されています。ニオブは、主に自動車用薄鋼板、石油パイプライン用のパイプなどに加工する高張力鋼を製造する際に、鉄鋼の添加剤として使用されています。また、タンタルは主にコンデンサの製造に用いられます。

◁ブラジル・ミナスジェライス州産／← 4cm →

クロム鉄鉱 $FeCr_2O_4$

クロム鉄鉱は暗褐色〜黒色で劈開のない重い鉱物で、クロムの唯一の原料鉱物です。かんらん岩〜蛇紋岩中の塊状鉱床から回収されています。クロムと鉄の合金は高温でも軟化しにくいため、金属の切削工具の材料になります。クロムー鉄ーニッケルの合金は耐腐食性に優れた、いわゆるステンレススチールです。クロム鉄鉱には高い耐火性があるため、成形するだけで溶融炉の内貼材として利用されます。

▷高知県・高知市円行寺鉱山産／← 11cm → ／ GSJ M437

石英

輝水鉛鉱

輝水鉛鉱 MoS_2

モリブデンの唯一の鉱石鉱物です。花崗岩マグマの固結に伴って放出される高温の流体から沈殿します。モリブデンは、ステンレスの添加剤として用います。輝水鉛鉱は、雲母と同じように1方向に劈開が発達します。薄い劈開片の集合体は滑りやすいため、潤滑剤として用いられています。

◁オーストラリア・ディープウォーター鉱山産／左右長5.5cm ／ GSJ M 40106

石英　　　　　　　　　　　　　鉄マンガン重石

鉄マンガン重石
(Fe, Mn) WO$_4$

花崗岩ペグマタイトや、花崗岩から派生した高温の熱水鉱脈中に産出します。鉄黒色で亜金属光沢の板状結晶を作ります。"鉄マンガン重石"は古い名称で、現在は鉄重石 (Fe>Mn) とマンガン重石 (Fe<Mn) が正式な名前です。

◁茨城県・東茨城郡城里町高取鉱山産／左右長10cm ／ GSJ M 9773

灰重石　CaWO$_4$

タングステン鉱として採掘対象となる鉱物は、灰重石と鉄マンガン重石です。花崗岩マグマの固結に伴って放出される高温の流体によって、鉱脈や、接触変成帯中に生成されます。タングステンは融点が高く、電気抵抗が大きいため、電球のフィラメントとして発光体に使われています。また鉄に加えることによって、超硬合金を作ります。

▷京都府・亀岡市大谷鉱山産／左右長12cm ／ GSJ M 14923

灰重石
石英

軟マンガン鉱　MnO$_2$

軟マンガン鉱はマンガンの主要な鉱石鉱物です。マンガンバクテリアの作用で海底に沈澱した大規模鉱床があります。マンガンの大部分は、鉄骨や橋梁に用いるマンガン鋼の製造に使われています。また、二酸化マンガンとしてマンガン電池の＋極に用いられています。

◁静岡県・下田市蓮台寺河津鉱山産／左右長7cm ／ GSJ M 40212

赤鉄鉱 Fe₂O₃
せきてっこう

今日、世界の鉄鉱石の90%以上を生産している鉱床が、約20億年前に海底に沈殿した縞状鉄鉱床で、その主要構成鉱物は赤鉄鉱です。地球上には、高品位の酸化鉄鉱石だけでも2000億 t 以上存在するといわれています。鉄は、ビルの鉄骨や鉄筋、鉄道、船舶、自動車、橋梁などに大量に使われています。この標本は、接触鉱床に生成した大型結晶です。結晶が大きいほど金属光沢が強く、鏡鉄鉱と呼ばれます。

◁イタリア・リオ産／高さ12cm／GSJ M 40205

輝コバルト鉱 CoAsS
き こう

輝コバルト鉱は、コバルトの主要な原料鉱物です。この鉱物は、高温の熱水鉱脈や、スカルン鉱床に産出します。リチウムイオン電池の正極にはコバルトが使われており、リチウムイオン電池は、携帯電話、ノートパソコン、デジタルカメラの電源です。コバルトは純金属よりは合金の成分として重要。硬く、耐熱、耐腐食性に優れたコバルト合金は、ガスタービンやジェットエンジンの高温部に使われています。サマリウムとの化合物は、強力な永久磁石です。

▷山口県・美祢市長登鉱山産／
←10cm→／GSJ M1828

自然白金 Pt
し ぜんはっきん

自然白金は金属光沢をもつ重い鉱物で、他の白金族元素とともに、かんらん岩、斑糲岩、蛇紋岩などの中に含まれています。また、それらの塩基性～超塩基性岩から分離した粒子が砂鉱床を作ることもあります。今日では、世界の白金族元素の大部分が前者から生産されています。白金は、美しく耐腐食性あることから装飾品の素材として使われます。工業的にも重要で、エンジンのスパークプラグ、自動車排ガスの浄化触媒に使われています。

◁ロシア・北部カムチャツカ産／←6mm→

役に立つ鉱物—I

黄銅鉱 <ruby>黄銅鉱<rt>おうどうこう</rt></ruby> CuFeS$_2$

黄銅鉱は、銅の鉱石鉱物としてもっとも普通です。割った直後には、黄金色の強い光沢を見せますが、空気中では酸化して次第に輝きが鈍くなり、長い年月の間には青みがかった被膜に覆われてゆきます。銅は電気の良導体のため電線材料として使われています。銅は熱の良導体でもあるため、鍋の材料としてもポピュラーです。

◁秋田県・大館市松峰鉱山産／左右長6cm

自然銀 <ruby>自然銀<rt>しぜんぎん</rt></ruby> Ag

自然銀は、輝銀鉱 Ag$_2$S、安銀鉱 Ag$_2$Sb に次いで重要な銀の原料鉱物です。比較的低温の熱水鉱脈中に産出します。銀は、多くの金属元素の中で熱伝導率と電気伝導度がともに最も高い元素で、電気接点や集積回路に使われています。その殺菌力は、靴下などの抗菌グッズや、消臭剤、浄水器に生かされています。臭化銀 AgBr は感光材料として写真産業で重要な役割を果たしましたが、デジタルカメラの普及に伴ってその方面の消費量は減少しています。そのほかにも、貨幣、食器、装飾品の製造や、メッキの材料としても銀は長い歴史を持っています。

▷北海道・札幌市豊羽鉱山産／←1.5cm →／ GSJ M12320

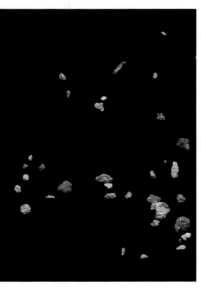

携帯電話
充電の端子にも電気をよく通すために金メッキされている。

パソコンの部品
パソコンの基板には金メッキが施されている。

自然金(砂金) <ruby>自然金<rt>しぜんきん</rt></ruby>(<ruby>砂金<rt>さきん</rt></ruby>) Au

金は、美しくさびにくい、しかも、柔らかくて加工しやすいという特徴があります。また、とても重いため、水流をうまく使えば川砂から金粒を分離できます。ダイナマイトや製錬技術のなかった時代でも、砂金は採取できました。金は耐腐食性に優れ電気をよく通すため、IC の配線や端子のメッキなど今日のハイテク産業にも不可欠です。

◁北海道・枝幸郡枝幸町産／金粒は径0.5 ～ 3mm／ GSJ M 40012

閃亜鉛鉱 <ruby>閃<rt>せん</rt></ruby><ruby>亜<rt>あ</rt></ruby><ruby>鉛<rt>えん</rt></ruby><ruby>鉱<rt>こう</rt></ruby> (Zn,Fe)S

閃亜鉛鉱は亜鉛の代表的な鉱石鉱物です。熱水鉱脈、黒鉱鉱床、スカルン鉱床（花崗岩と石灰岩の接触帯にできる鉱床）にも産出します。亜鉛は、亜鉛メッキ鋼板（トタン板）や、真鍮などの各種亜鉛合金の製造に使われます。また、乾電池のマイナス極材に使われています。

◁岐阜県・飛騨市神岡町神岡鉱山産／
左右長7cm

― 方解石
― 閃亜鉛鉱

辰砂 <ruby>辰<rt>しん</rt></ruby><ruby>砂<rt>しゃ</rt></ruby> HgS

水銀の鉱石には、辰砂と自然水銀があり、いずれも火山地域の熱水鉱脈や、大規模な断層帯沿いに産出します。辰砂はその強烈な赤さのために、顔料として長い歴史を持っています。水銀は、棒状温度計、水銀灯などに使われています。奈良の大仏の建立当時、金と水銀のアマルガム（合金）を大仏に塗ってから、焼いて水銀をとばすことによって金メッキしました。

◁北海道・北見市イトムカ鉱山産／左
右長16cm／GSJ M 37172

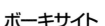

ボーキサイト

ボーキサイトは、水酸化アルミニウム鉱物を主成分とする土壌～風化岩石で、唯一のアルミニウム鉱石です。アルミニウムは、鉄よりかなり軽く引き伸ばしやすい金属です。銅、マグネシウムと合金（ジュラルミン）にすることで、機械強度を高められるため、飛行機、鉄道車両、自転車、アルミ缶、アルミサッシなどに使われています。

▷インド・中央州カドニー付近産／
左右長9cm／GSJ M 34482

役に立つ鉱物—I

錫石

錫石　SnO$_2$

錫はもっぱら錫石から抽出されています。花崗岩から派生した鉱脈中や接触変成帯中に産出します。錫石は、風化されにくく重いため、花崗岩地帯の川沿いに砂鉱床を作ります。錫はハンダ合金、青銅、バネを作る燐青銅の製造に使われます。鉄板に錫メッキしたブリキは、缶詰などに使われています。
▷ボリビア・ビロコ産／左右長
12cm ／ GSJ M 40228

方鉛鉱　PbS

方鉛鉱は鉛の唯一の鉱石鉱物です。新鮮な破断面は銀白色で強い金属光沢を見せ、立方体状の劈開が発達します。熱水鉱脈や、黒鉱の主要成分として、閃亜鉛鉱に密接に伴って産出します。鉛は、鉛蓄電池、ハンダ、散弾銃の弾丸、放射線の遮へい材に使われています。
◁米国・ミズーリ州／高さ4cm

輝安鉱　Sb$_2$S$_3$

輝安鉱はアンチモニーの唯一の鉱石鉱物で、熱水鉱脈中に産出します。愛媛県の市ノ川鉱山では明治年間に、長さ数十 cm におよぶ巨大結晶を多産しました。現在、世界のアンチモニーの8割は中国で生産されています。アンチモニーは、ハンダ合金や、繊維などの難燃材として用います。
▷ルーマニア産／写真の左右長
11cm ／ GSJ M 40111

輝蒼鉛鉱 Bi_2S_3

現在、ビスマスは主に鉛精錬の過程でできる副産物から回収していますが、南米には、この輝蒼鉛鉱と自然蒼鉛を主要鉱石として採掘している鉱山もあります。輝蒼鉛鉱は、鉛灰色金属光沢の柱状結晶をつくる鉱物で、比較的生成温度の高い熱水鉱脈に産出します。ビスマス一錫一鉛の合金は、それぞれの金属の単体よりも融点が低く、低融点半田、ヒューズ、スプリンクラーのトリガーとして利用されています。ビスマスは溶融体から固結するときにわずかに体積膨張があるため、精密な鋳物の製作にも重用されています。

▷秋田県・北秋田市揚ノ沢鉱山産／←6cm →

モナズ石 $CePO_4$

モナズ石は、バストネサイト$(Ce,La)CO_3F$、ゼノタイム YPO_4 などと並ぶ、軽い希土類元素（ライト・レアアース）の原料鉱物です。花崗岩、ペグマタイト、変成岩に含まれるほか、風化した岩石から分離して、他の重鉱物とともに砂礫中に濃集します。黄褐色の、ややひしゃげた板状〜柱状の自形結晶を作ります。

軽い希土類元素の中で最も豊富に存在するセリウムは、その酸化物がガラス研磨剤として使用される他、紫外線吸収ガラスの製造にも使われています。

◁福島県・石川郡石川町塩沢産／長辺1.3cm ／ GSJ M40703

フェルグソン石 $YNbO_4$

フェルグソン石は、ガドリン石 $(Ce,La,Nd.Y)_2Fe^{2+}Be_2Si_2O_{10}$、ユークセン石 $(Y.Ca,Ce,U,Th)(Nb,Ta,Ti)_2O_6$ と並び、希土類元素（レアアース）の原料鉱物です。イットリウム Y の一部を希土類元素が置換しているのです。ガラス光沢〜亜金属光沢で、柱状、錐状の結晶をつくる黒い鉱物です。他の希土類元素鉱物と共に、花崗岩ペグマタイトから産出します。近年、ハイブリッドカーの普及に伴って、ジスプロシウムを数パーセント含むネオジム磁石の生産が増大しています。

▷福島県・伊達郡川俣町水晶山産／←5cm →／GSJ M40235

役に立つ鉱物―Ⅱ

工業原料鉱物

　特定の元素を取り出すのではなく、鉱物の物性そのものを利用するか、あるいは鉱物をそのまま製造過程に投入する鉱物を工業原料鉱物と呼んでいます。珪石、長石、各種粘土、石灰石、かんらん岩、重晶石、沸石などがこれに分類されます。たとえば、滑石は砕いて微粒子にした状態で、紙の充填剤などに使われます。また、石灰石は粘土とともに焼成炉に投入してセメントを作ります。

ベントナイト

$(Na,Ca)_{0.3}(Al,Mg)_2Si_4O_{10}(OH)_2 \cdot nH_2O$

ベントナイトは、海底や湖底に堆積した火山灰がモンモリロナイトという粘土鉱物に変質してできた岩石です。上記はモンモリロナイトの化学式です。水を吸うと大きく膨らむ、岩石粒子を粘結する力が強い、アンモニアイオンを吸着する、乾きにくいなどの特性を生かして、鋳物型の粘結材、水漏れ防止材、ペット用トイレ砂、化粧品などに利用されています。
◁島根県・東洋鉱山産／左右長
9cm ／ GSJ M 16011

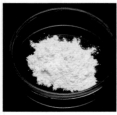

乾燥状態のベントナイト。
小麦粉のようにさらさらしている。

吸水状態のベントナイト。
ふくれあがって、のりの様にべとべとしている。

セリサイト

岩石が熱水に浸されたとき、主に長石から変質して生成する微粒子の白雲母です。純粋分離したものは、銀白色で絹布に似た光沢を見せます。薄いシート状粒子のため、なめらかで、面を効率的におおうことができます。

この性質を利用して、化粧品や、塗料の添加材、また合成樹脂の離型剤として使用されています。

▷愛知県・北設楽郡東栄町振草鉱山産／左右長8cm

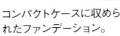

コンパクトケースに収められたファンデーション。

滑石 (かっせき) $Mg_3Si_4O_{10}(OH)_2$

マグネシウムに富んだ岩石、たとえばかんらん岩などが、熱水と反応することによって生成します。モース硬度が1のとても軟らかい鉱物です。充填剤として、紙、塗料、プラスチックの製造に使われています。また、黒板用のチョークや、ベビーパウダーにも使われています。

◁中国・遼寧省産／
左右長9cm ／ GSJM15208

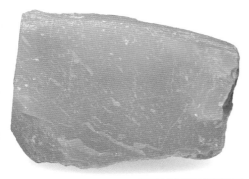

洋紙

セルロース繊維の間を粘土で充填すると、インクがにじまず、腰の強い紙ができます。紙の表面を薄く粘土でコーティングすることによって、光沢が出ます。

カオリナイト $Al_2Si_2O_5(OH)_4$

岩石が風化したり酸性の熱水に浸された時、主に長石から変質してできる粘土鉱物です。熱水鉱脈を充たして産出することもあります。成形し、高温で焼いたものが陶磁器です。カオリナイトはまた、紙の充填材やコーティング材としても使われます。この標本は熱水鉱脈を満たして生成したもので、純度が高く、白色度にすぐれています。

▷栃木県・宇都宮市関白鉱山産／左右長8cm ／ GSJ M 4838

蝋石

ろうせき

蝋石は、蝋のように軟らかく半透明の石を総称する言葉です。純度の高い滑石や葉蝋石を角柱状に切ったものは、石や鉄板に文字が書ける筆記具として利用されました。地下資源としての蝋石は、葉蝋石（$Al_2Si_4O_{10}(OH)_2$）、カオリナイト、ダイアスポア（$AlO(OH)$）、セリサイトなどの混合物で、流紋岩質凝灰岩などが酸性の熱水にさらされることによって生成します。耐火煉瓦、グラスファイバーの原料として、また、粉砕して農薬の希釈剤として用いられています。

▽岡山県・備前市三石鉱山産／左右長20cm／
GSJ M 1801

▽滋賀県・米原市伊吹山産／
左右長12cm／地質標本館収蔵

石灰石

せっかいせき

石灰岩は炭酸カルシウムを主成分とする堆積岩で、石灰質の殻を持つ生物の遺骸が集まってできます。太平洋に浮かぶ珊瑚礁を伴った島が、プレートの沈み込みに伴って日本列島に合体して、石灰岩の岩体を作っているのです。鉱物資源に乏しいといわれる日本ですが、石灰岩には恵まれています。石灰岩を鉱業の対象とした場合の製品名が石灰石です。石灰石は、粘土と混ぜて焼成しセメントを作る、鉄鉱石やコークスとともに溶鉱炉に入れて鉄鉱石中の不純物を取り除き、焼いてから水和させることによって消石灰を作る他、酸性土壌の中和剤などにも使用されています。

長石
ちょうせき

花崗岩の風化に伴って主成分鉱物のカリ長石が
分離したもの、あるいは、花崗岩ペグマタイト中
の大型カリ長石が、長石資源として採掘されま
す。高温で溶けてガラス状になる性質を利用し
て、カリ長石は陶磁器の釉薬（うわぐすり）とし
て使われています。
△福島県・石川郡石川町産／
左右長8cm／GSJ M 1861

釉薬をかけた陶器

粘土を成形し、釉薬をかけて
1100〜1300℃で焼いたものが
陶器です。釉薬の代表格であ
るカリ長石は1200℃以上に熱す
ると溶け、冷えた時にはガラスと
なって陶器表面の凹凸や隙間を
埋めてくれるため、水の漏らない
器を作ることができるのです。金
属の酸化物が混在すれば、ガラ
ス層に様々な色調が現れます。
たとえば少量のコバルトで青い色
を、少量の銅、クロム、ニッケル
で緑色を出すことができます。

珪石
けいせき

珪石はシリカを主成分とした岩石です。
内容は、石英（SiO_2）、クリストバライ
ト（SiO_2）、非晶質シリカ（$SiO_2 \cdot nH_2O$）などさまざまです。花崗岩ペグ
マタイトの水晶、酸性熱水に冒された
岩石の溶け残り、石英質結晶片岩、
熱変成を受けてグラニュー糖のように
なったチャート、ほとんど石英からなる
砂 – 珪砂が、珪石として採掘されてい
ます。光学ガラス、石英ガラス、板ガ
ラス、ガラス瓶、金属珪素、フェロシ
リコン、耐火煉瓦、鋳物砂、軽量気
泡コンクリートなど、非常に広い用途
があります。

島根県益田市馬谷城山鉱山
巨大な花崗岩ペグマタイトから、巨大な石
英結晶を採掘しています。写真は分離され
た石英結晶です。

△北海道・広尾郡広尾町音調津産／
←14cm →／ GSJ M16738

石墨(黒鉛) c

石墨は、きわめて軟らかく（硬度
1）、熱と電気の良導体で、化
学的に安定で耐熱性にも優れ
た物質です。その性質を生か
し、電極、るつぼ、鋳型、潤滑
剤、鉛筆、乾電池などに使われ
ています。石墨は水をはじくた
め、これを含有する塗料をか
けることで木材の耐久性を高
める効果があります。石墨
鉱床は、結晶片岩、片麻岩
（飛騨）、再結晶石灰岩（富山
県千野谷）に伴うものの他、
火成岩中に球状をなして含まれるもの
（音調津）があります。

蛍石　CaF_2

蛍石は、色調のバリエーションが広く、大きく
透明な結晶は飾り石としても人気があります。
しかし、硬度は4と比較的軟らかく、4方向
に完全な劈開が発達するため、宝石として
は強度不足です。蛍石は、花崗岩ペグマ
タイト、気成鉱脈、熱水鉱脈、スカルン
など、様々なタイプの鉱床に産出します
が、採掘できるほど鉱量があるのは熱
水鉱脈です。蛍石の工業用途はきわめ
て広く、アルミニウム精錬に必要な氷
晶石 Na_3AlF_6 の製造用、製鋼のフラック
ス、窯業用（ガラス、セメント、ほうろう、
釉薬に使用）のほか、フッ酸などの化学薬
品の製造原料としても欠かせません。透
明な大型結晶は、光学レンズの材料にな
ります。

▷兵庫県・朝来市生野鉱山産／←5cm →

灰硼石(コールマン石)
かいほうせき

$CaB_3O_4(OH)_3 \cdot H_2O$

灰硼石は、無色〜灰白色でガラス光沢がある鉱物で、短柱状、錐状の結晶をつくります。乾燥地域の塩湖堆積物中で、硼砂 $Na_2B_4O_5(OH)_4 \cdot 8H_2O$ など、他のホウ酸塩鉱物とともに産出します。これらのホウ酸塩鉱物は、いずれもホウ珪酸ガラスの重要な原料です。ホウ珪酸ガラスは、耐熱性、耐衝撃性、耐薬品性に優れているため、実験室のガラス器具、自動車のヘッドライト、温度計、オーブンの窓材に使われています。

◁米国・カリフォルニア州ボロンカーン郡産／←13cm →／GSJ M40342

重晶石
じゅうしょうせき

$BaSO_4$

重晶石は、白色〜灰色ガラス光沢の重い鉱物(比重4.5)で、比較的軟らかく(硬度3-3.5)、2方向に顕著な劈開を示します。化学的にも安定で水にはほとんど溶けません。原子量の大きなバリウムを主成分とするためX線をあまり透過しません。重晶石の粉末は産業に、また医療分野で広く活用されています。たとえば、石油や温泉探査で行うボーリングでは、重く安定した泥水を循環させる必要があり、泥水の密度調整のために重晶石を入れています。これが重晶石の工業利用の85%に達すると云われます。そのほかに白色塗料の混合剤、ゴムの充填剤、製紙用の充填剤や被覆材になります。医療分野ではX線造影剤として利用されています。胃部レントゲン撮影の時に呑む"バリウム"は重晶石の微粉末に味を付けたものです。重晶石は、熱水鉱脈や、海底熱水堆積鉱床(=黒鉱鉱床)、石灰岩や頁岩中の層状鉱床、またそれらの鉱床の露頭でかつての共存鉱物が溶け去り重晶石が濃集したところなどから回収されます。

▷福島県・河沼郡柳津町 軽井沢鉱山産／←5cm →

役に立つ鉱物—Ⅱ

かんらん岩

かんらん岩はシリカ含有率が 45% 以下の火成岩で、その主成分をなす苦土カンラン石、単斜輝石、斜方輝石の量比によって細分類されています。そのうち苦土カンラン石が 90% 以上を占めるものをダナイトと呼んでいます。苦土カンラン石 Mg_2SiO_4 は高温まで安定（融点～ 1890℃）なため、ダナイトは耐火煉瓦や鋳物砂として利用されます。蛇紋石化が進んでいないものほど、他の珪酸塩鉱物の混入率が低いほど、カンラン石の鉄分が少ないほど耐火度が上がります。

◁北海道・様似郡様似町幌満産／← 13cm →

沸石凝灰岩

流紋岩質の凝灰岩は、地層の埋没深度が増すにつれて火山ガラスの水和が進み、沸石、粘土鉱物、シリカ鉱物の集合体へと変化してゆきます。新第三紀に海底火山活動に伴って噴出した凝灰岩が斜プチロル沸石 $Ca_2Na_{1.5}K$ $(Al_{6.5}Si_{29.5}O_{72})\cdot24H_2O$ やモルデン沸石 $(Na_2,Ca,K_2)_4$ $(Al_8Si_{40}O_{96})\cdot28H_2O$ に置き換わったものが東北、北海道、関東北部、山陰地方に多く見られます。これらが沸石凝灰岩です。主成分として含まれる沸石が、イオン交換能、吸着能、除湿および保湿能を持つために、沸石凝灰岩は全体として活性が高く、土壌・水質改良材、防臭材、農薬のキャリアー、ペットトイレなどに利用されています。沸石の結晶構造に含まれる水は、周囲の湿度に連動して可逆的に出入りするため、加熱脱水したあとは強力な乾燥剤になります。

◁山形県・米沢市板谷産／← 13cm →／ GSJ M17229

珪灰石 （けいかいがん）　CaSiO₃

珪灰石は、白色で2方向に完全な劈開を持つ柱状〜板状結晶を作ります。粉砕すると長柱状（繊維状）〜短柱状の粒子になる、1000℃まで熱しても発生するガスはきわめて少ない、モース硬度は4.5-5.5（歯の硬さに近い）、水に懸濁するとアルカリ性になる、純粋なものは白色度が高いなどの特徴があり、それを生かして窯業原料として活用されています。たとえば、繊維状のものをすき込むことによって、プラスチックや陶磁器の強度を上げる、塗料の塗膜を強くする等の効果があります。珪灰石は花崗岩マグマの貫入を受けた石灰岩や広域変成岩に産出します。珪灰石を工業原料として採掘するには、ざくろ石、緑簾石、単斜輝石などの不純物を、いかに除去できるかが課題となります。

▷岐阜県・揖斐郡揖斐川町春日鉱山産／← 8cm →

藍晶石 （らんしょうせき）　Al₂SiO₅

藍晶石は美しい藍色で、一方向に明瞭な劈開があり、直交する二方向で極端に異なる硬度を示します。そのため二硬石という名称もあります。この鉱物が工業的に重要な理由は、その高い耐火性にあります。藍晶石を1350℃付近まで加熱すると、ムル石 $Al_{4+2x}Si_{2-2x}O_{10-x}$ とシリカに分離します。ムル石は石英に近い硬度を持ち、しかも1810℃まで安定な鉱物です。それゆえに藍晶石を焼いて作った煉瓦は頑丈で耐熱性に優れ、膨張やひび割れを起こしにくいのです。ムル石は煉瓦だけでなく、スパークプラグ、高電圧に耐える絶縁体、融点の高い金属を溶かすためのるつぼなどに使われています。藍晶石は泥質岩起源の高圧変成岩中に生成しています。

◁ブラジル・ミナスジェライス州産／← 5cm →

役に立つ鉱物—Ⅲ

ハイテクと鉱物

　ハイテクとは電子回路や情報処理に関する様々な応用技術のことです。電子回路そのものに組み込まれている物質や、その物質を作るために必要な道具の材料がハイテク素材です。

ダイヤモンド

ハイテク素材の精密な加工のためには、サファイアなどの硬い素材に穴を開けたり、切断したり、また表面を鏡のように磨くことができる研磨材が必要です。この目的にかなう素材が、鉱物の中でもっとも硬いダイヤモンドです。世界で生産される天然ダイヤモンドの80％は、切削・研磨用に利用されています。金属の円盤に微粒のダイヤモンドを埋め込

み、高速で回転させながら岩石に押し当てると岩石が切断できます（写真下左）。使用によって、回転刃もすり減ってゆきます（写真下右）。

石の切断

回転刃を冷やし、岩屑を洗い流すために水をかけます。

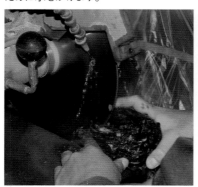

ダイヤモンドブレード
左が使用前、右が使用後の状態です。

半導体基板のシリコンやサファイア、半導体そのものに含まれるシリコン、ガリウム、砒素、ゲルマニウム、亜鉛、カドミウムなど、配線や端子に使われる金、発信器に使われる水晶、レーザーに使われるルビー、精密機械の軸受けや腕時計の窓材に使われるサファイア、ハイテク素材の加工には欠かせないダイヤモンドなどがその例です。コンピュータ、テレビはもちろん、冷蔵庫、電気洗濯機、電気炊飯器に至るまでハイテク素材がふんだんに使われています。今日の便利な生活には、ハイテク素材は欠かせないものなのです。

ルビー

ルビーは0.6974 μm の波長を持ったレーザー光の発振材料です。また、硬度が高いことを生かして、精密機械の軸受けやレコード針にも使われています。ルビーの大型結晶は、ルビー結晶の末端部で酸化アルミニウムの粉末を溶融させて徐冷することによって人工的に製造できます。写真（下左）は、赤外線ランプを用いて狭い範囲に高温を作り出す、単結晶育成装置です。

合成ルビーのカット標本
小型の単結晶育成装置で作られる合成ルビー

炉を開いた状態。中央に見える円筒形の物体ができあがった合成ルビーです。
（写真提供：独立行政法人 産業技術総合研究所）

レコード針
（写真提供：オグラ宝石精機工業株式会社）

クオーツ時計

人工水晶

水晶
すいしょう

水晶は圧電効果があるために、周波数精度の高い発振素子として利用されます。水晶発振子は、今日のエレクトロニクスに欠かせません。身近なところでは、クオーツの名がついた時計に水晶発振子が使われています。水晶発振子を作るには、素材が均質であること、求める特性に応じて切削の方位を自在に選ぶ必要があることから、人工合成された大型水晶が用いられています。

第5章

岩石の
生成と姿

地表に高く突き出た火山も、新たなマグマの供給
が途絶えると、重力と雨風のなすがままになりま
す。急な斜面は崩落し、岩石は解体され風化され
て粘土鉱物に変わってゆきます。山を削った土
砂は雨や河川水に押し流されて、低い方へ低い
方へと移動し、海に出たところで堆積岩を作りま
す。この堆積岩が、温度と圧力の高い地下深部
に引きずり込まれる時、粘土は分解して水分の
少ない鉱物が成長を始めます。そうして堆積岩
が変成岩になります。絞り出された水は、岩石の
溶融（マグマの生成）を促進し、マグマが地表に
戻ってくれば、ふたたび火山ができます。この章
では、この果てしない物質サイクルを様々な岩石
を通して眺めます。

薩摩硫黄島。流紋岩の活火山で
山頂が火山ガスに侵されて白い
珪石に変化しています。

火成岩

SiO$_2$

　高温のマグマが冷えて固まったものが火成岩です。マグマの化学組成によって含まれる鉱物の組み合わせや、鉱物の量比が異なり、マグマが冷える速さによって岩石組織の細かさが異なってきます。地殻の大部分は火成岩でできています。岩石の組成は連続的に変化しますが、便宜上何らかの境界を設けて分類しています。分類基準の1つは、珪酸SiO$_2$の含有率で、SiO$_2$ 66％以上のものを酸性火成岩、52～66％のものを中性火成岩、45～52％のものを塩基性火成岩、45％以下のものを超塩基性岩と呼んでいます。

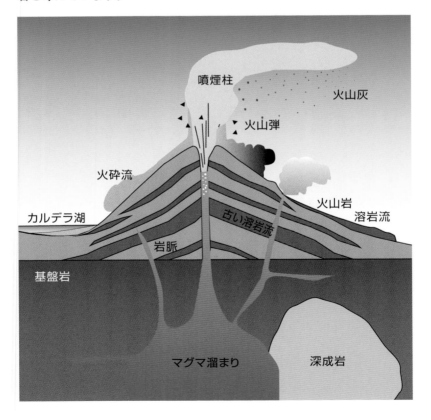

酸性火成岩

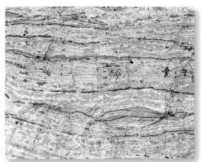

花崗岩

石英、カリ長石、斜長石、黒雲母、（白雲母）、（角閃石）よりなる粗粒の岩石です。地下数km〜十数kmの深さに達した花崗岩マグマがゆっくりと固結して生成します。石材として大量に利用されています。花崗岩は大陸を代表する火成岩です。
△岡山県・岡山市万成産／
左右長5cm／GSJ R 28

流紋岩

石英、カリ長石、斜長石、黒雲母、鱗珪石、方珪石、ガラスよりなる細粒の岩石です。花崗岩マグマが地表や海底に流れ出して、短時間のうちに固結したものです。流動しつつ固結した部分には、流れたような縞模様（流紋）ができます。
△鹿児島県・大口市大口鉱山産／
左右長5cm／地質標本館収蔵

黒曜石

花崗岩質マグマが地表付近で急冷してできます。黒曜石の溶岩流もあります。全体がガラス状になっているため、光が岩石の内部に達して吸収されます。そのために、黒っぽく見えるのです。鉄鉱物の含有率が高いわけではありません。
▽長野県・諏訪郡下諏訪町
和田峠産／左右長10cm GSJ R 11269

軽石

火山が噴火して水分の多いマグマが空中に放り出された時、圧力の急激な低下にともなってマグマが泡立ち、泡の形を残したガラス質岩石（軽石）ができます。富士山は、玄武岩溶岩の噴出で特徴づけられる火山ですが、宝永噴火（1707年）の時には、噴火の最初に写真のような白っぽい軽石が放出されました。
▽富士山東斜面産／左右長8cm／
地質標本館収蔵

火成岩

中性火成岩

閃緑岩
せんりょくがん

斜長石、石英、角閃石、(輝石)、(黒雲母)を主とする、暗い色調の粗粒な岩石です。安山岩質のマグマが地下深部でゆっくりと固結することによって生成します。結晶粒子がほぼ揃っており、互いにかみあっています。細粒の石基がないことに注目して下さい。
◁福島県・東白河郡古殿町大原産／天地5cm ／ GSJ R 54

安山岩
あんざんがん

斜長石、普通輝石、しそ輝石、角閃石、黒雲母、磁鉄鉱よりなる、暗色の岩石です。安山岩質のマグマが、地表付近で固まった時に生成します。噴火前に大きく成長していた斜長石や輝石が斑晶となって、微粒子の基質(石基)に散点しています。斑晶と石基のメリハリがついていることに注目して下さい。安山岩は、日本のようなプレート沈み込み帯を代表する火山岩です。
▷神奈川県・足柄下郡箱根町産／天地5cm ／ GSJ R 280

塩基性火成岩

斑れい岩

斜長石、普通輝石、しそ輝石、かんらん石、角閃石を主とする黒っぽい岩石です。玄武岩質のマグマが地下深部でゆっくりと固結してできたもので、大変粗粒な岩石です。△高知県・室戸市室戸岬産／天地5cm／GSJ R 132

玄武岩

玄武岩マグマが地表に噴き出して固結した、全体に細粒で黒い岩石です。微粒で短冊状の斜長石、粒状の輝石、かんらん石、磁鉄鉱を含みます。溶岩流の表面では多数の気泡ができています。火山岩の中でもっとも多い岩石で、広大な海底や、火山島、玄武岩台地を構成しています。富士山も玄武岩火山の1つです。▽山梨県・富士吉田市／天地5cm／GSJ R 21

超塩基性岩

かんらん岩

苦土かんらん石と輝石を主成分とする、粗粒で少し透明感のある岩石です。大規模な断層に沿って、地下深部から押し出されたような岩体を作ります。陸上に現れたかんらん岩体の多くは、水との反応によってかんらん石が分解し、蛇紋岩に変わっています。地表で見られる岩石の中では、マントル物質にもっとも近いものと考えられています。▷北海道・様似郡様似町幌満産／左右長12cm／GSJ R 10568

火成岩

堆積岩

　地表、空中、水中を移動して、陸上や水底にたまった物質が固結してできた岩石が堆積岩です。堆積岩を構成している物質の種類によって、砕屑性堆積岩、生物源堆積岩、火山性堆積岩の3種類に分けられます。

　岩石は風雨にさらされて分解し、泥や礫となって川に入り、すり減りながら運ばれて最終的には海や湖に達します。この時運ばれる岩屑がたまったものが砕屑性堆積岩です。これは構成物質の粒の大きさによって、さらに礫岩、砂岩、シルト岩、泥岩に細分類されます。シルト岩～泥岩のうち薄くはげる性質を持ったものを頁岩と呼んでいます。

　地球の海や陸には膨大な生物が生息しています。生物も死ぬと、岩屑と同じように沈殿し、埋もれて岩石に変わってゆきます。これが生物源堆積岩です。生物源堆積岩は、集積した生物の種類によって、チャート、珪藻土、石灰岩、石炭などに分けられます。ストロマトライトは、生物の体そのものではなく、生物が水質に影響を与え、そのために沈殿した

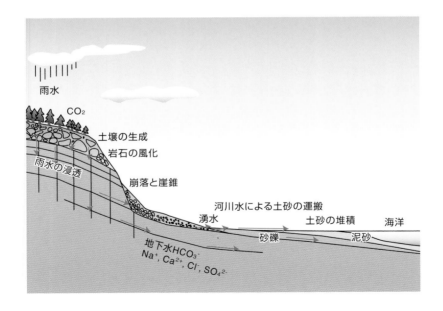

炭酸カルシウムが集積してできた岩石です。

　火山性砕屑岩は、火山の噴火に伴って放出された火山灰や礫が固まったものです。

　この他、海水の蒸発でできる岩塩層、温泉から沈殿してできる石灰華などの、化学的沈殿岩も堆積岩の一種です。

砕屑性堆積岩

礫岩
れきがん

粒径が2mm以上の岩石・鉱物粒子を礫といいます。礫が、より細粒の基質に入っている岩石を礫岩と呼びます。基質が砂であれば砂質礫岩、泥であれば泥質礫岩などと呼びます。写真は、北米ヒューロン湖北岸に分布するジャスパー礫岩です。22〜24.5億年前に堆積したもの。
△カナダ・オンタリオ州 ブルースマインズ産／左右長10cm／地質標本館収蔵

砂岩
さがん

粒径が1/16mm〜2mmの岩石・鉱物粒子を砂といいます。砂粒の岩石・鉱物種、そして砂粒をつなぐ基質の物質によって、泥質砂岩、凝灰質砂岩などと細分類されます。
△石川県・白山市産／
左右長5cm／地質標本館収蔵

シルト岩・泥岩
でいがん

1/16mm以下の粒子でできた岩石です。粘土の粒間にある水が抜けることによって粒子の距離が縮まり、固まったものです。薄くはげる性質を持ったシルト岩、泥岩を頁岩といいます。▷新潟県・加茂市大谷産／左右長5cm／GSJ R 760

生物源堆積岩

石灰岩
<small>せっかいがん</small>

石灰岩は主として炭酸カルシウムからな
る岩石で、その大部分が生物源です。たとえば
温かい海に浮かぶ珊瑚礁が、陸地に付加して石灰岩の
岩体になります。石灰岩には、珊瑚礁に生息していた、サンゴ、貝類、ウミユリ、
有孔虫など、石灰質の殻を持つ多様な動物の化石が含まれています。この標本で、
白い米粒のように見えているのが、フズリナと呼ばれる有孔虫の化石です。
△滋賀県・米原市伊吹山産／左右長12cm／地質標本館収蔵

瀝青炭
<small>れきせいたん</small>

石炭は、植物の遺骸が酸素の少ない環境にたまり、未
分解のまま地層に埋もれ、地熱と圧力の作用で、徐々
に脱水してできた岩石です。脱水に伴って、泥炭→褐
炭→瀝青炭→無煙炭と変化してゆきます。瀝青炭は光
沢のある黒色で、83%～90%の炭素を含み、製鉄用
コークスの原料として用いられています。◁北海道・三
笠市幌内炭坑産／左右長5cm／ GSJ R 57863

チャート

放散虫という、シリカの殻をもったプラ
ンクトンの遺骸が海底に沈積してできた
岩石です。遺骸の一部が溶けて粒間に
沈殿することで、硬く緻密な岩石になっ
ています。微量の酸化鉄が赤色の原因
です。
△岐阜県・多治見市産／
左右長3cm／ GSJ R 177

珪藻土
<small>けいそうど</small>

珪藻という珪酸質の殻を持つプランクト
ンの遺骸が集積してできた、多孔質、軽
量な岩石です。海底でできることも、陸
上の湖でできることもあります。断熱材
や濾過材に使われています。
△石川県・珠洲市産／左右長5cm／
GSJ 11612

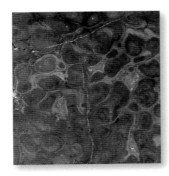

ストロマトライト

ストロマトライトは、シアノバクテリアという微生物の群集が残した石灰岩です。シアノバクテリアは30億年以上前から活動し、二酸化炭素を吸収して酸素を吐き出していました。二酸化炭素の消費によって、シアノバクテリアの近くに方解石の沈殿が起こり、キノコ状の外形と、層状の内部構造を持ったストロマトライトができたのです。
◁アメリカ・ワイオミング州ランダー 産／
左右長11cm ／ GSJ M 40336

火山性堆積岩

凝灰岩〜火山礫凝灰岩

火山から放出された岩屑のうち、径2mm以下のものを火山灰、径2〜64mmのものを火山礫と呼びます。火山灰や火山礫が固結したものが、凝灰岩、火山礫凝灰岩です。写真は、約1500万年前の日本海に堆積した流紋岩質火山礫凝灰岩です。下から上に軽石の粒径が小さくなってゆく様子が見られます。
◁岩手県・西和賀町湯川産／
左右長4cm

溶結凝灰岩

規模の大きな火砕流によって運ばれた、高温の火山灰が分厚く堆積したところでは、火山灰自身の熱で部分的に溶けることがあります。それに伴って、火山灰層は垂直方向に圧縮されて硬い溶結凝灰岩になります。溶結凝灰岩層には、しばしば冷却に伴う割れ目が垂直方向に発達します。
▷大分県・玖珠郡九重町産／
左右長7cm ／地質標本館収蔵

二次的な溶融によって
できたガラスのレンズ

変成岩

　堆積岩や火成岩が、できた時とは違った温度圧力条件に置かれて、新しい鉱物ができたり、岩石の組織が変化したものが変成岩です。変成岩がさらに変成することもあります。地球上の物質が地表から地下へとリサイクルされること、地下は温度と圧力が高いこと、高温のマグマが地殻をつらぬいて地下浅いところに上ってくることが、変成作用が起こる原因です。海洋プレートの沈み込みに伴って、堆積岩が地下に引きずり込まれる場所では、広い範囲で、岩石の変形を伴った低温高圧型変成作用が起こります。これを広域変成作用といいます。また、高温のマグマに隣接する場所では、高温低圧型の変成作用が起こります。それは、接触変成作用と呼ばれます。また、地下深部に達する大断層沿いには、破壊と固結を繰り返してできた岩石、圧砕岩ができます。これは動力変成岩と呼ばれます。

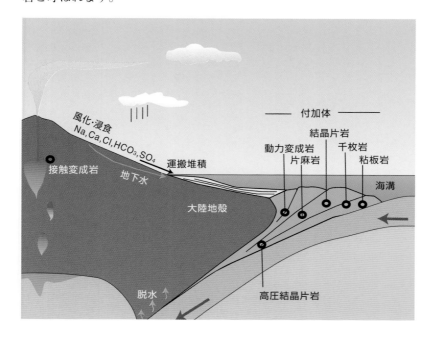

広域変成岩

結晶片岩

結晶片岩は、岩石の変形と同時に、白雲母、緑泥石、滑石、石墨などの鱗片状になる鉱物が特定の方向に平行に成長したもので、片状にはげる性質をもっています。緑色片岩は、緑簾石や緑泥石といった緑色の鉱物を多く含み、青色片岩は、藍閃石という青い角閃石を含んでいます。写真は、紅簾石のために赤味を帯びた紅簾石白雲母石英片岩です。
◁愛媛県・四国中央市五良津産／天地8cm／GSJ R 58252

片麻岩

片麻岩は結晶片岩よりももっと温度圧力が高いところでできる変成岩です。主成分の石英、長石、黒雲母などが、粒状に成長しているために、薄くはげる性質はありませんが、縞状の模様は明瞭です。
▷福島県・東白河郡古殿村子下松川産／天地8cm／地質標本館収蔵

変成岩

接触変成岩

糖晶質石灰岩
（とうしょうしつせっかいがん）

石灰岩が熱変成を受けて、粗粒の方解石結晶の集合体に変わったものです。もともと細粒で化石を含んでいた石灰岩でも、再結晶によって生物の輪郭や、堆積構造が消滅します。有機物や粘土などの不純物も、石墨や、柘榴石の形に再結晶する結果、方解石の部分は白さを増します。

◁山口県・柳井市日積産／
天地5cm ／ GSJ R 921

硬緑泥石

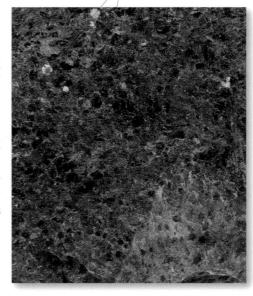

ホルンフェルス

高温の深成岩体の近くでは、温度が600 〜 800℃にも達します。そのような場所で熱変成された岩石は、薄くはげる性質を持たず、また硬く割り口が角張っていることから、角岩（＝ホルンフェルス）と呼ばれます。泥岩起源のホルンフェルスには、硬緑泥石の大きな結晶が成長することがあります。

▷岩手県・気仙郡住田町
子下有住産／天地13cm ／
GSJ R 57875

花崗岩中の
石灰質捕獲岩

花崗岩マグマに取り込まれたや
や不純な石灰岩です。写真上
部の白、灰色に黒い斑点が入っ
ている部分が花崗岩、左下側の
茶色、緑色、暗褐色の部分が
もと石灰岩だった部分です。花
崗岩から石灰岩の方にシリカが
浸透して、灰ばん柘榴石（淡褐
色）、ベスブ石（褐色）、透輝石
（緑色）などの珪酸塩鉱物が生
成したことがわかります。
◁茨城県・笠間市稲田産／
左右長5cm ／ GSJ M 16039

動力変成岩

ミロナイト

大規模な断層沿いでは、岩石が
破壊されて角礫状になります。
地下深部では圧力が高いために、
岩石の破片は凝集したまま変形
してゆきます。こうしてできた角
礫岩がミロナイトです。写真は、
花崗岩（船津花崗岩）と変成岩の
間にできたミロナイトです。サー
モンピンクのカリ長石が大きな粒
子として残り、黒雲母などの暗
色の鉱物微粒子がそれを取り巻
いています。

▷岐阜県・飛騨市
古河町戸市産／
左右長5cm ／
GSJ R 11515

変成岩

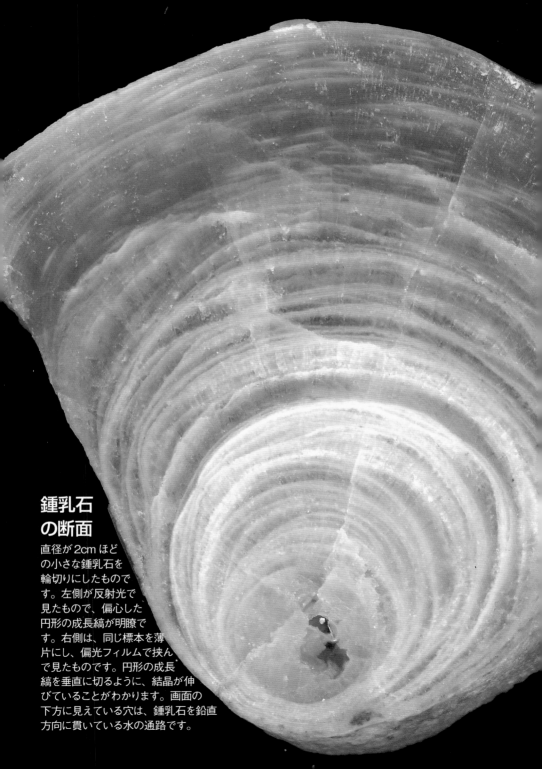

鍾乳石
の断面

直径が2cm ほど
の小さな鍾乳石を
輪切りにしたもので
す。左側が反射光で
見たもので、偏心した
円形の成長縞が明瞭で
す。右側は、同じ標本を薄
片にし、偏光フィルムで挟ん
で見たものです。円形の成長
縞を垂直に切るように、結晶が伸
びていることがわかります。画面の
下方に見えている穴は、鍾乳石を鉛直
方向に貫いている水の通路です。

地球表層から
地殻下部の物質循環

　地球の物質循環は、そのエネルギー源によって2つの物質サイクルに
分けられます。

火山ガス　　　　CO_2, H_2S, SO_2, HCl

温泉

風化・浸食
Na, Ca, Cl, HCO_3, SO_4

接触変成岩　　　　　　　運搬堆積

マグマ　　　　地下水

大陸地殻

大陸プレート

脱水

熱による物質循環

　地球深部の熱による物質循環です。地球の核は6000℃もの高温状態
にあります。そこから私たちが住む地表に向けて、熱伝導や物質の移動
によって熱エネルギーが運び上げられてきます。地表を覆っている十数
枚のプレートの相対運動も、熱エネルギーの移動形態の1つです。海洋
地殻が大陸地殻に沈み込むところでは、海底にたまった堆積物が地下
深部の高圧高温の環境に引き込まれて変成岩に変わります。この時はき
出される水の働きによって高温の岩石が溶融してマグマが生まれます。

　周辺の岩石より軽いマグマには浮力が働くため、マグマは地表に向かっ
て上昇し、その一部が火山となって地表に現れます。火山は、堆積物や
海水から地殻深部へと運び込まれた水、塩素、硫黄を、火山ガスの形
で大気へと吐き出します。プレート沈み込み帯で頻発する、大規模な地
震と火山の噴火もまた、地球内部の熱エネルギーによって引き起こされ
ているのです。

水と大気の循環

太陽エネルギーによる水と大気の循環です。地表に降り注ぐ太陽光によって地表に温度差が生じ、大気の大循環が起こります。太陽光はまた、海や地表から水を蒸発させ、水蒸気を陸域へと運びます。上空で冷やされた蒸気は雲になり、雨となって陸にもどります。雨は氷結して岩石を割り、あるいは河川となって岩屑を海へと運びます。太陽エネルギーは、植物や動物の生息を支えます。それらの生物がはき出した二酸化炭素は、大気中に拡散し、海水に溶け込みます。その一部は石灰質の殻をつくる生物に利用され、海水から取り除かれます。

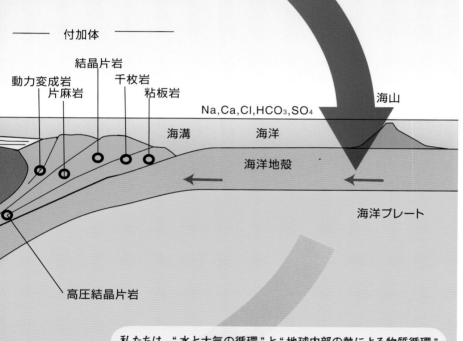

付加体

結晶片岩

動力変成岩
片麻岩　千枚岩
　　　　　　粘板岩

Na,Ca,Cl,HCO$_3$,SO$_4$

海山

海溝　　海洋

海洋地殻

海洋プレート

高圧結晶片岩

私たちは、"水と大気の循環"と"地球内部の熱による物質循環"2つの物質サイクルの間に生息しているために、水や食べ物を獲得することができ、地下資源をふんだんに活用して便利な生活を享受し、冬のさなかに温泉に出かけてリフレッシュすることもできるのです。一方、私たちの活発な生産活動は、急ピッチな地球温暖化の元凶だともいわれ、消費生活を見直すことの重要性が叫ばれるようになっています。地球の物質サイクルの性格をよく理解したうえで、持続可能な世界を築くことは現代人に課せられた責務なのです。

ダイヤモンドができる場所

　ダイヤモンドの分布は、ユーラシアやアフリカなどの大陸の中核となっている安定地塊に集中しています。これらは25億年以上前に作られた大陸です。上部マントルからダイヤモンドを運び上げたキンバーライトという火成岩は、安定地塊の分厚い大陸地殻を突き破って10億年〜5千万年前に噴出しました。日本は、太平洋プレートの沈み込みによって活発な火山活動が起こる場所ではありますが、キンバーライトパイプは見つかっていません。ダイヤモンドは地域的にも、時間的にも限られた範囲にしか産出しない、ということは、ダイヤモンドの噴出は、現在は起こっていない、過去の特別な出来事に関連しているということです。ダイヤモンドを地表にもたらした噴火は高圧の二酸化炭素の放出と関係しています。頑丈なフタが掛かっている容器ほど、加熱によって破裂した時には勢いが強いものですが、その経験から類推すると、キンバーライトが、頑丈で分厚い大陸地殻をねらうように吹き上げている理由がわかります。キンバーライトの下部には、熱い物質がせり上がりエネルギーを供給していたものと考えられます。

　ダイヤモンドは、マントルに起源を持つキンバーライトおよび類似のランプロアイトという岩石に含まれて産出します。これらの岩石は風化が進むにつれて粘土と砂に変化してゆきますが、その中でダイヤモンドは圧倒的な安定性を持ち、地表に残留します。この土壌が河川に入れば、ダイヤモンドは海岸へと運ばれてゆきます。ダイヤモンドの比重は3.5、石英や長石に比べると重いため、水流で運ばれる途中で他の重鉱物とともに集積して砂鉱床を作ります。砂鉱床のダイヤモンドはキンバーライトが本格的に掘削される前にはもちろん、現在でも採掘されています。

　インドでは紀元前からダイヤモンドの存在が知られており、18世紀までは世界のダイヤモンドの主要産地でした。現在、英国の皇太后の冠に取り付けられている、コーイヌールと呼ばれる伝説的なダイヤを産出したのはインドです。ブラジル・ミナスジェライス州のダイヤモンドは18世紀に

入ってから本格的に生産体制に入り、それまでインドが保っていたダイヤモンド生産ナンバーワンの座を奪いました。18世紀の後半になると南アフリカでダイヤモンドが発見されました。それまでは砂鉱床だけでしたが、開発が地下に進むにつれて、硬いキンバーライトパイプの掘削へと対象が広がってゆきました。南アフリカのキンバリーでは1902年に、3106カラットに及ぶ世界最大のカリナンダイヤモンドが発見されています。

　ロシアでは、1950年代に入ってから、東シベリアで、多くのキンバーライトパイプが発見され、その掘削により現在では世界第2位のダイヤモンド生産量を誇っています。その後は、オーストラリアが注目を集めました。1979年にランプロアイトという岩石に伴うダイヤモンドの生産が始まり、今日では生産量世界1位の地位を築きました。1990年代以降は、カナダ北部でもダイヤモンドの生産が始まり、今後の大発展が期待されています。

ダイヤモンドの産地を現在の世界地図上に示しました（上図）。ダイヤモンドは25億年以上前に出来た古い大陸（明るい緑の範囲）の上に産出します。地球表層を覆っている十数枚のプレートは、地球内部で対流するマントルの動きに呼応して、間欠的に離合集散してきました。北米・南米・ユーラシア・アフリカ・ユーラシア・南極の各大陸が乗るプレートも、今から2億5千万年前には組み合わさって一つの超大陸（パンゲア）を作っていました（下図）。2億年くらい前から始まった大陸の分裂は1億年～7000万年頃に最盛期を迎えました。ダイヤモンドを含んだキンバーライトパイプが噴出した、10億年～5千万年の間には、大陸の大規模な分裂も起こっていたのです。図中の矢印は、プレートの動きを表しています。

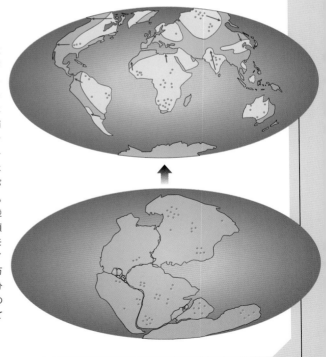

第6章

生活に役立つ岩石

強度、見かけの美しさ、加工のしやすさなどの
岩石の特性を生かして、私たちは多くの岩石を
石材として開発し、また活用しています。私たち
は、岩石のお陰で、安心、安全で潤いのある生
活を手に入れているのです。この章では、日常
生活でもしばしば見かけるような、代表的な石材
岩石を紹介していきます。

東京大学本郷キャンパスの
石だたみ

生活に役立つ岩石

　岩石は、ブロックや平板に切り出して建築石材や装飾石材に用いる他、砕石にして砂利やコンクリート骨材にも用います。ビルの外壁や、石碑、墓石には、美しさもさることながら、風雨や日射に強い岩石が選ばれます。ビルの内壁や装飾部なら、色彩や模様の美しさ、面白さ、そして周囲との調和が重んじられるでしょう。骨材としての利用なら、砕けにくく、すり減りにくいことはもちろん、セメントと化学反応を起こさないことも重要です。

花崗岩石材の採掘

深成岩である花崗岩は均質で大きな岩体が多く、大型の石材を切り出せます。花崗岩は、硬く緻密で吸水性もないことから、全天候型の石材といえます。古くから、建築用、舗装用、装飾用に使われてきました。採石場では、風化で軟らかくなった部分を取り除いてから、ボーリングと発破、ジェットバーナー、ワイヤーソーなどを用いて岩盤から大きなブロックを切り出します。その後、楔を打ち込むことによって、使用目的に合わせたサイズに成形してゆきます。写真は、最高裁判所や国技館にも使われている稲田花崗岩の採掘現場です。▽茨城県・笠間市稲田産／石材名 稲田石

石材

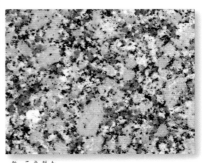

赤色花崗岩
(せきしょくかこうがん)

赤褐色のカリ長石を含む粗粒な花崗岩です。暗く見える丸い粒子は石英、黒い粒子は角閃石と黒雲母です。カリ長石が赤褐色に着色する原因は、微粒の赤鉄鉱を含むためです。類似の花崗岩は、大陸に分布する先カンブリア紀の花崗岩に多く見られます。
△ブラジル産／石材名 カパオボニート（研磨仕上げ）／左右長8cm

花崗岩(灰色)
(かこうがん)(はいいろ)

大きなカリ長石結晶を含む斑状花崗岩です。石英と黒雲母はカリ長石の間を埋めています。△スペイン産／石材名 グリスペルラ（研磨仕上げ）／ 左右長8cm／地質標本館収蔵

月長石閃長岩
(げっちょうせきせんちょうがん)

大部分がカリ長石(灰色)で、その他に少量の斜長石、黒雲母、角閃石(黒)を含んでいます。カリ長石は青い干渉色を見せる月長石です。
▷ノルウェー・ラルビック産／石材名 ラルビカイト（研磨仕上げ）／左右長5cm／地質標本館収蔵

安山岩
(あんざんがん)

安山岩は、硬く緻密で耐候性に優れていますが、色調が地味で磨いても光沢が出ません。写真の標本は、箱根山外輪山溶岩の1つで、斜長石の小粒の斑晶を持った細粒緻密な安山岩です。墓石や間知石の石材として珍重されています。
◁神奈川県・真鶴町産／石材名 本小松石（研磨仕上げ）／左右長5cm／地質標本館収蔵

生活に役立つ岩石

石灰岩(クリーム色)

石灰岩は酸性の雨に弱く、また軟らかく傷つきやすいという弱点がありますが、色調の美しさや模様の面白さに魅力があります。また、化石が見えれば、地球の歴史への興味を刺激してくれます。耐久性が必要なビルの外壁や墓石ではなく、装飾性が要求される内壁やフロアに使われています。△イタリア産輸入石材／石材名 ビアンコ・ペルリーノ／左右長8cm／地質標本館収蔵

蛇灰岩

蛇紋岩の中の網目状の割れ目に沿って方解石が沈着したものを蛇灰岩と呼びます。濃緑色の蛇紋岩と白色～淡緑色の方解石の、色彩的コントラストが魅力です。埼玉県産蛇灰岩は、鳩糞石（はとくそいし）の名称で親しまれています。高級装飾石材です。△埼玉県・秩父市産／石材名 蛇灰岩あるいは鳩糞石（研磨仕上げ）／左右長5cm／地質標本館収蔵

砂岩

堆積構造がよく見える砂岩です。多孔質のため磨いても光沢が出ませんが、温かい肌合いと模様の面白さゆえに珍重されています。砂岩の中に浸透した雨水が透水性の悪い層に沿って側方へと流れ、茶色い酸化鉄の薄層を生じたものです。
△アメリカ・ユタ州カナブ産／左右長5cm／地質標本館収蔵

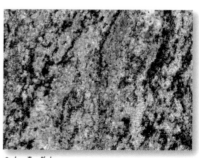

片麻岩

赤褐色のカリ長石および白い石英を主とする帯と、黒雲母の帯が縞状に配列した、花崗岩質の片麻岩です。生成年代は約20億年前と考えられています。
△インド・カルナカタ州産／ 石材名 インディアン・ジュパラナ（研磨仕上げ）／左右長8cm／地質標本館収蔵

節理を利用した石材

玄武岩

噴出したマグマが分厚くたまるところでは、マグマの冷却に伴う規則正しい収縮割れ目が発達します。五〜八角柱状の割れ目と、時としてそれに直角な割れ目もできます。兵庫県北部の玄武洞に見られる玄武岩は160万年前に噴出した溶岩流で、節理の間隔がほぼ一定し

ているため、比較的容易にサイズの揃った岩塊を取り出すことができました。玄武洞は採掘跡にできた洞穴です。写真を見ると、玄武洞の柱状節理（正面）と、それから板状にバラされた石材（左下）の関係がわかります。玄武岩は、川の護岸、間知石、舗道の踏み石などに使われてきました。△兵庫県・豊岡市城崎町玄武洞

砕石

花崗閃緑岩

砕石は、道路の敷石、鉄道の路盤、コンクリート骨材として大量に使われています。砕石にするには、摩擦や衝撃に強く、セメントとの化学反応で膨張しない岩石が理想です。砕石に適した硬い岩石が出るまで山を削り込み、大きな斜面を作って採掘を進めます。採掘場の近くに破砕プラ

ントを設けて、粒度別に出荷します。写真は、花崗閃緑岩の砕石を生産している兵庫県神崎郡の大規模な採石場です。ふもとの砕石工場の大きさと比較すると、採掘場がいかに大きいかがわかります。

元素周期表

元素記号 →　
- 原子番号
- 元素名
- 代表的な鉱物名
- 原子量

3
Li リチウム
リチア輝石
6.941

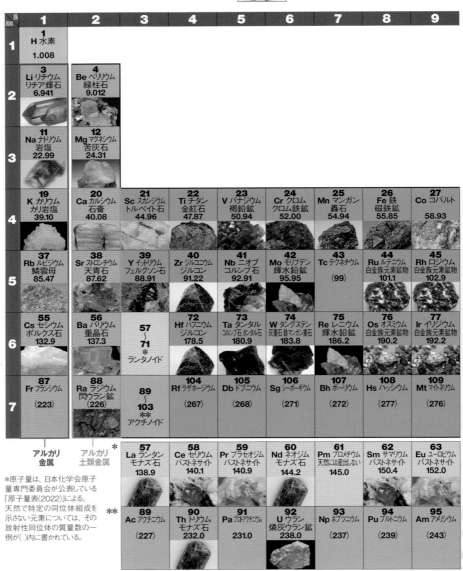

族／周期	1	2	3	4	5	6	7	8	9
1	1 H 水素 1.008								
2	3 Li リチウム リチア輝石 6.941	4 Be ベリリウム 緑柱石 9.012							
3	11 Na ナトリウム 岩塩 22.99	12 Mg マグネシウム 苦灰石 24.31							
4	19 K カリウム カリ岩塩 39.10	20 Ca カルシウム 石膏 40.08	21 Sc スカンジウム トルベイト石 44.96	22 Ti チタン 金紅石 47.87	23 V バナジウム 褐鉛鉱 50.94	24 Cr クロム クロム鉄鉱 52.00	25 Mn マンガン 轟石 54.94	26 Fe 鉄 磁鉄鉱 55.85	27 Co コバルト 58.93
5	37 Rb ルビジウム 鱗雲母 85.47	38 Sr ストロンチウム 天青石 87.62	39 Y イットリウム フェルグソン石 88.91	40 Zr ジルコニウム ジルコン 91.22	41 Nb ニオブ コルンブ石 92.91	42 Mo モリブデン 輝水鉛鉱 95.95	43 Tc テクネチウム (99)	44 Ru ルテニウム 白金族元素鉱物 101.1	45 Rh ロジウム 白金族元素鉱物 102.9
6	55 Cs セシウム ポルックス石 132.9	56 Ba バリウム 重晶石 137.3	57〜71 * ランタノイド	72 Hf ハフニウム ジルコン 178.5	73 Ta タンタル コルンブ石鉄タンタル石 180.9	74 W タングステン 灰重石鉄マンガン重石 183.8	75 Re レニウム 輝水鉛鉱 186.2	76 Os オスミウム 白金族元素鉱物 190.2	77 Ir イリジウム 白金族元素鉱物 192.2
7	87 Fr フランジウム (223)	88 Ra ラジウム 閃ウラン鉱 (226)	89〜103 ** アクチノイド	104 Rf ラザホージウム (267)	105 Db ドブニウム (268)	106 Sg シーボーギウム (271)	107 Bh ボーリウム (272)	108 Hs ハッシウム (277)	109 Mt マイトネリウム (276)

アルカリ金属　アルカリ土類金属 *

**ランタノイド*

57 La ランタン モナズ石 138.9	58 Ce セリウム バストネサイト 140.1	59 Pr プラセオジム バストネサイト 140.9	60 Nd ネオジム モナズ石 144.2	61 Pm プロメチウム 天然には産出しない 145.0	62 Sm サマリウム バストネサイト 150.4	63 Eu ユーロピウム バストネサイト 152.0
89 Ac アクチニウム (227)	90 Th トリウム モナズ石 232.0	91 Pa プロトアクチニウム 231.0	92 U ウラン 燐灰ウラン鉱 238.0	93 Np ネプツニウム (237)	94 Pu プルトニウム (239)	95 Am アメリシウム (243)

アクチノイド

*原子量は、日本化学会原子量専門委員会が公表している「原子量表(2022)」による。天然で特定の同位体組成を示さない元素については、その放射性同位体の質量数の一例が( )内に書かれている。

								希ガス—

遷移金属元素		**典型金属** **元素**	**半金属** **元素**	**非金属** **元素**	**希ガス**
アクチノイド	**ランタノイド**				

10	**11**	**12**	**13**	**14**	**15**	**16**	**17**	**18**
							ハロゲン	**2** He ヘリウム 4.003
			5 B ホウ素 電気石 10.81	**6** C 炭素 石墨 12.01	**7** N 窒素 チリ硝石 14.01	**8** O 酸素 16.00	**9** F フッ素 蛍石 19.00	**10** Ne ネオン 20.18
			13 Al アルミニウム 鋼玉 26.98	**14** Si ケイ素 石英 28.09	**15** P リン 燐灰石 30.97	**16** S 硫黄 硫黄 32.07	**17** Cl 塩素 岩塩 35.45	**18** Ar アルゴン 39.95
28 Ni ニッケル 石鉄隕石 58.69	**29** Cu 銅 孔雀石 63.55	**30** Zn 亜鉛 珪亜鉛鉱 65.38	**31** Ga ガリウム 閃亜鉛鉱 69.72	**32** Ge ゲルマニウム ゲルマナイト 72.64	**33** As ヒ素 石黄 74.92	**34** Se セレン 硫化鉱物 78.97	**35** Br 臭素 79.90	**36** Kr クリプトン 83.80
46 Pd パラジウム 白金族元素鉱物 106.4	**47** Ag 銀 自然銀 107.9	**48** Cd カドミウム 閃亜鉛鉱 112.4	**49** In インジウム 閃亜鉛鉱 114.8	**50** Sn スズ 錫石 118.7	**51** Sb アンチモン 輝安鉱 121.8	**52** Te テルル 自然テルル 127.6	**53** I ヨウ素 126.9	**54** Xe キセノン 131.3
78 Pt プラチナ 白金族元素鉱物 195.1	**79** Au 金 自然金 197.0	**80** Hg 水銀 辰砂 200.6	**81** Tl タリウム 鉛 亜鉛鉱精錬の 副産物 204.4	**82** Pb 鉛 方鉛鉱 207.2	**83** Bi ビスマス 輝蒼鉛鉱 209.0	**84** Po ポロニウム 閃ウラン鉱 (210)	**85** At アスタチン (210)	**86** Rn ラドン (222)
110 Ds ダームスタチウム (281)	**111** Rg レントゲニウム (280)	**112** Cn コペルニシウム (285)	**113** Nh ニホニウム (278)	**114** Fl フレロビウム (289)	**115** Mc モスコビウム (289)	**116** Lv リバモリウム (293)	**117** Ts テネシン (293)	**118** Og オガネソン (294)

64 Gd ガドリニウム ユーゼン石 157.3	**65** Tb テルビウム ユーゼン石 158.9	**66** Dy ジスプロシウム ユーゼン石 162.5	**67** Ho ホルミウム フェルグソン石 164.9	**68** Er エルビウム フェルグソン石 167.3	**69** Tm ツリウム フェルグソン石 168.9	**70** Yb イッテルビウム バストネサイト 173.0	**71** Lu ルテチウム バストネサイト 175.0
96 Cm キュリウム (247)	**97** Bk バークリウム (247)	**98** Cf カリホルニウム (252)	**99** Es アインスタイニウム (252)	**100** Fm フェルミウム (257)	**101** Md メンデレビウム (258)	**102** No ノーベリウム (259)	**103** Lr ローレンシウム (262)

くらしの中の鉱物・岩石

チョーク

道路や建物

ビルは、鉄骨と鉄筋コンクリートを組み合わせて作られています。鉄骨を作るには、鉄鉱石、石灰石、石炭などが大量に使われます。コンクリートに必要なセメントは、石灰石、粘土、石膏を焼いて作られます。コンクリートの強度を確保するには、セメントに混入する良質の骨材岩石が必要です。内装材として使われる耐火ボードは、石膏の粉末を圧密したものです。シリカを主成分とする窓ガラスを製造するには珪砂（石英）が必須です。アルミサッシは、ボーキサイトから作るアルミニウムでできています。電気配線の主役は、黄銅鉱などから精錬される銅線です。ガスの配管には、プラスチックで被覆した鋼管が使われています。学校で使われるチョークは、石膏の粉から作っています。

舗装道路の下には、重量の大きな車両が通行しても路盤が沈まないように、10〜数十cmの厚さで砕石が敷き詰められています。その上を、骨材岩石を主成分とするコンクリートでカバーし、最終仕上げは石油生成の過程でできるアスファルトが使われています。道路脇の電信柱も鉄筋コンクリート製です。

畑や家庭菜園

鉱物は食料の生産にも深くかかわっています。農作物を育てるために、土壌に窒素、リン酸、カリウムを肥料として補給する必要があります。作物を収穫するごとに、窒素、リン、カリウムを持ち去ることになるからです。窒素肥料の、硫酸アンモニウム（硫安）は、硫酸にアンモニアガスを吸収させて作ります。リン肥料となる過リン酸石灰は、燐灰石に硫酸を作用させて作ります。硫酸は硫化鉱物を焼くことによって、また石油精製の副産物として作られています。カリウム肥料となる塩化カリウムは、カリ岩塩という鉱物そのものです。

肥料

身の回りの道具

自動車には実に多様な無機材料が使われています。それらのもとをたどれば、すべてが鉱物に行き着きます。ボディーには亜鉛メッキ鋼板、エンジンには、モリブデン鋼、ニッケルクロム鋼、炭素鋼、アルミニウム合金などが、バッテリーには鉛と硫酸が、そして窓ガラスには珪砂がといった具合です。排ガスを処理するための触媒や点火プラグに使われている白金も鉱物から抽出されています。家庭電化製品に組み込まれたICや基盤の配線には金が、それ以外の電気配線には銅線が使われています。衣類やカーテンなどの布にも、難燃材としてアンチモニーが使われています。食器のお茶碗や湯飲みは、粘土を成形し、釉薬をかけて焼いたものです。歯磨きには、研磨剤として燐灰石や炭酸カルシウムの粉末が入っています。ペットのトイレ用として販売されるネコ砂には、吸着性に優れたベントナイトやゼオライトが含まれています

ネコ砂

歯磨

第7章

鉱物の採集

鉱物は、図鑑で見ているよりも、実物を見た方がよくわかります。しかし、実物を見るといっても展示ケースのガラス越しでは、細部が見えませんし、触感や重さを確認することができません。自由に観察できる標本セットが手元にあれば便利。そこで、山に出かけて鉱物採集をしようということになります。鉱物採集には、目的の鉱物を獲得する以上に良いことがあります。それは、鉱物の自然界での存在状態を観察することで、どのようにしてそれらが生成したかに興味が発展し、観察力が研ぎ澄まされてゆくということです。観察力が高まるほど、石への興味も深まります。自分で採集した標本は、見た目の美しさとは別の価値を持っています。それは、あなた自身がその石の産出状態を見たうえで採取する部位を決断したからです。標本はあなたの判断の物的証拠にほかなりません。産出現場の状態を記録しておくことで、その標本は客観的な価値を獲得し、科学者の研究試料としても使えるようになります。

火山の噴気孔と、その周りに析出した硫黄。鉱物だけでなく、火山ガスもまた興味深い研究材料です。ガスの組成は、地下のマグマの温度や、マグマの起源を語ります。北海道函館市恵山町恵山

鉱物の採集

　鉱物を採集するにはどこにでかければよいか。日本の様に温暖湿潤な国では、国土の大部分が緑で覆われています。緑の下には肥沃な土壌があります。豊かな緑の中に身を置けることはとても幸せなことですが、岩石鉱物を観察しようとすると、その緑が邪魔になります。新鮮な岩石が現れている場所を探さなければなりません。たとえば、沢沿い、海岸、林道沿い、トンネル、採石場、鉱山のズリ山、火山の噴気帯などがその条件を満たす場所です。岩石が新鮮であれば観察の精度が高まりますし、採集の能率もあがります。

　ただし、鉱物採集をするには、それがどんな自然条件の場所であっても、地権者や管理責任者の了解が得られること、また、自然保護、安全管理の配慮を確実におこなうことが前提となります。

沢沿い

　地表に現れた岩石や鉱脈は、大気と触れあって徐々に風化して土壌に変わってゆきます。たとえばもっとも普通に産する造岩鉱物である長石はカオリン質やモンモリロナイト質の粘土に、また、二価の鉄を含んだ鉱物は褐鉄鉱に変化し、岩石は脆く軟らかく汚くなります。沢は雨水が集中して流下してゆく場所であり、侵食と堆積が活発に進行しています。川の最上流部では侵食が堆積の速度を上回る結果、切り立った崖ができます。常に水流で削られる川底には、まだ風化していない岩石の表情が見えます。川の両岸からは間欠的に岩石が崩落し、様々な大きさの角礫となって谷を埋めようとします。上流域では、谷川の石のほとんどは近くに露出している岩石です。移動距離の短い岩塊は機械的な摩耗もすくなく、岩石の組織や含有鉱物も観察しやすいというメリットがあります。水流の勢いが減じた川の中流では、上流から運ばれた岩塊が集積した中州が発達します。上流に分布する岩石は、川の中を転動しながら下ってきたため、中流に至るとすり減って丸みを帯びた礫になってい

写真Ａ：川の最上流部の景観。岩盤が露出しているところでは水流が露われ、川底が岩塊で覆われているところでは水は伏流する。雪解けの季節には奔流となって礫を動かす川も、渇水期には川らしくない。ごつごつした岩塊は白く変質し、その随所に水晶の晶洞が見られる。
▷福島県郡山市西方

写真Ｂ：谷の側面には、水流で削られた急傾斜の岩盤がある。その肌の一部に晶洞が見える。熱水鉱脈の露頭は褐色の鉄さびがこびりついていて魅力に乏しい。
△←10cm→

写真Ｃ：熱水鉱脈を割りとって持ち帰る。酸性の溶液に浸して鉄さびを溶かすと、ピカピカの水晶が現れる。
△←2.5cm→

鉱物の採集

163

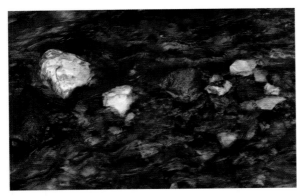

写真Ｄ：瑪瑙を含む火山岩地帯から流れ下る川の底。大部分をしめる暗色の安山岩礫に混じって白い岩塊は目立つ。拾い上げてみると瑪瑙や、玉髄脈の破片であることがわかる。
◁北海道今金町後志利別川支流

ます。上流に存在する様々な岩石が集まってくるため、岩石のバリエーションが豊かです。さらに川幅が広い下流域では水流の速度が遅いため砂や粘土などが堆積します。こうなるともう肉眼では鉱物の識別が難しいし、石を叩いて探索するという小気味の良い鉱物採集はやりようがありません。ただし下流の土砂も、川の流域の平均鉱物組成や化学組成を知るためには、役立ちます。

　岩石鉱物の産出状態を直に確認するには上流部にゆくのがベストです。写真Ａは、ある川の上流部の状態です。この付近には、かつて地下数百メートルでできた水晶の鉱脈があります。その近くに行くと、岩盤に鉱脈の一部が顔を出しています（写真Ｂ）。褐色に汚れてぱっとしませんが、採集後に鉄さびの汚れを除去すると美しい水晶標本（写真Ｃ）になります。

　川の中流部にもそれなりの見どころがあります。瑪瑙を含んだ火山岩が分布する地域では、風化や磨砕に抵抗力が弱い火山岩が川に流されながら消耗してゆく一方で、硬く化学的にも安定な瑪瑙はほとんどダメージを

写真Ｅ：白い岩塊は、瑪瑙や玉髄脈の破片である。川に流されてもあまり破損せず、火山岩の気泡の形状を伝えている。
△←8cm→

受けずに、川の旅を生き延びています。その結果、川の中流域に、意外なほど瑪瑙の玉が濃集していることがあるのです（写真D）。火山岩の分布域から遙かに下流まで流されたものでも、瑪瑙の礫は同心円状沈殿組織に調和的な外形を見せています（写真E）。瑪瑙が丸いのは、火山岩の丸い気泡を埋めて生成したためです。

　黒曜石はガラス質流紋岩の一種です。古代人にとって、鏃などの石基を作るために貴重な素材資源でした。川の上流部に黒曜石溶岩や、黒曜石礫を含む火砕流がある地域では、河川に沿って黒曜石の円礫が見つかります。北海道の"十勝石"がその好例で、その供給源は糠平周辺の流紋岩火山群です。

　黒曜石は特定の方向にそって剥離することはなく、ちょっとした衝撃で小刻みに罅が入ります。そのため、川の中を転動するうちに見事な"おはぎ形"の円礫（写真F）になります。共存している他の種類の岩石より、圧倒的に円磨度が高いのです。礫の表面は打撃痕によって白く濁っていますが、割ると漆黒のガラスが露れます。（写真G）。黒曜石のような脆い岩石が姿の良い円礫となって採取できるのも、中流域ならではのことでしょう。

写真F：流紋岩分布地域から流れてきた川の河床には、様々な組織をもった流紋岩溶岩の他に、黒曜石の円礫が含まれている。
△北海道河東郡上士幌町

写真G：黒曜石の断面。貝殻状の断口は、黒曜石がどの方向に対しても同じような強さ・もろさを持っていることのあらわれである。
△←8cm→

海岸および林道沿い

　波の浸食作用が直接に作用する海食崖もまた、比較的新鮮な岩石が見られる場所です。しかし、現在も波が打ち付ける崖の直下では、自分自身が波にさらわれる危険があります。崖の隣接部に打ち上げられた石を観察と採集のターゲットにするのが現実的です。

　林道は、林産資源の開発のために山岳地域に造られた、運搬道路です。大型トラックが通行できるだけの道幅と強度を確保するため、林道わきの山側斜面を大きく切り取っています。切り通しは比較的新鮮な岩石の全面露頭となり、岩石鉱物の観察に好条件を提供してくれます。切り通しの法面は、かつての自然斜面より急角度になっていますから不安定です。せっかく造成された道路を壊さないように、また落石を誘発しな

写真H：林道の建設に伴って露れた、風化の軽微な玄武岩枕状溶岩。扇の柄を下にして何層にも重ねたような形が見える。扇は、枕状溶岩の1単位。"枕"は玄武岩マグマが海水との接触により急冷されたときにできたたガラス質の衣をまとっている。枕状溶岩同士の境目には空隙があり、そこを沸石類が充填している。
△青森県北津軽郡中泊町

いように、そして自らも
怪我をしないよう、林道
での探索にも慎重さが求
められます。林道は、作
られてから時間が経つと、
崩れ落ちた土壌や岩屑に
よって下から順に埋まっ
てゆきます。新鮮な標本
が採取しにくくなること

写真I：玄武岩の気泡や、枕状溶岩の隙間にし
ばしば生成する針状のソーダ沸石 $Na_2Al_2Si_3O_{10}$
$\cdot 2H_2O$ と方解石。
△新潟県新潟市間瀬／左右長4cm

もありますが、崩れてく
れたおかげで、かつては
手が届かなかった崖の高
い位置を観察できることもあります。

　かつて日本海の海底に吹き出した玄武岩を切って建設された、津軽半
島の林道の例をご紹介します。津軽半島の中軸部には、新第三紀中新世
の海底玄武岩溶岩が分布しており、何層にも重なった枕状溶岩とその下
部につらなる岩脈を、林道沿いで観察することができます（写真H）。"枕
状構造"の隙間には様々な沸石ができています。大きな空隙からは大型
の自形結晶が見つかります。枕状溶岩は、高温の玄武岩マグマが海水と
触れて急冷するときにできますが、溶岩の噴出後、"枕状"構造の隙間
に熱い海水が巡り、様々な変質鉱物ができます。緑簾石、ぶどう石、魚
眼石、各種の沸石（写真I）、方解石がこの産状を代表する鉱物です。

火山や温泉の噴気帯

　できつつある鉱物の姿を見るには、高温の蒸気や温泉水が地表に達し
ている、活火山の火口（J）や地熱地帯が適しています。硫黄の結晶が
析出している噴気孔（写真K）、石膏、重晶石、方解石の結晶を沈殿し
ている温泉湧出口は珍しくありません。そのような場所では、観察や鉱
物採集だけでなく、噴き出ている蒸気の温度や、温泉水の化学組成にも
注意して下さい。どんな鉱物が、どんな条件で生成するのかを実証的に

鉱物の採集

写真 J：北海道南部の活火山、恵山の爆裂口の様子。100℃〜 230℃の高温蒸気が噴き出し、硫黄や砒素硫化物が昇華する様子が観察できる。硫黄の析出速度は大きく、短時日の間にチムニー状の構造ができる。この爆裂口では、かつて硫黄の採掘が行われていた。

理解できます。ただし、噴火口も噴気帯も危険がいっぱいです。岩石が崩れたり地面が陥没したり、熱い流体がかかって火傷をしたり、硫化水素や二酸化炭素にるガス中毒の危険もあります。安全管理のガードロープが張り巡らされた中には踏み込まないことです。警告が明示されていないところも安全とは限りません。あらゆる危険を想定して、事故を回避することもまた、自然観察と鉱物採集に共通のエチケットです。

写真 K: 高温蒸気噴出口に析出しつつある、硫黄の針状結晶。△北海道恵山

休廃止鉱山のズリ

　かつて日本で採掘が試みられた鉱山は3000以上といわれます。山を切り崩し坑道を穿って採掘した鉱山では、利用価値が小さいと判断された岩石が廃棄されています。廃棄された岩石が山になっているところがズリ山です。ズリには、坑道沿いに存在した地下の様々な岩石、鉱石が含まれているので、多種類の標本を能率よく採集できることが魅力です。鉱山は操業をやめても、重金属や酸性水による環境汚染への対策、そして事故が起きないための安全対策を講じています。比較的最近まで操業されていた鉱山では、坑道を閉鎖して立ち入りを徹底的に制限し、ズリも土壌で覆って植生の回復を図っていることが多いのです。ズリを、採掘済みの坑内に埋め戻すことも励行されています。そうなると、鉱物採集は困難です。ズリを求めて、せっかく覆土してある場所をほじくり返すことは厳に慎むべきです。土砂崩れや、環境汚染のきっかけを作ってしまう可能性があります。操業された時期が相当に古いか、あるいは操業の規模が小さかった鉱山では、ズリが昔のままに残っていることがあります。そのような場所に観察のチャンスがあります。たとえば、かつて黄銅鉱を採掘した鉱山のズリでは、孔雀石、ブロシャン銅鉱、珪孔雀石など、鮮やかな緑〜青の二次鉱物の生成が見られます（写真L）。自然条件で、硫化物鉱石がどのように姿を変えてゆくかを理解するために、好適な材料になるでしょう。

写真L：かつて黄銅鉱を採掘した鉱山のズリを覆う珪孔雀石 $Cu_2H_2(Si_2O_5)(OH)_4 \cdot nH_2O$

採集のための道具・装備

　鉱物や岩石に興味を持ったならば、書物などで学習したり、学校や博物館で標本を見るだけでなく、野外に調査に出かけるとよいでしょう。鉱物や岩石がどんな状態で現れているのかを観察したり、記録をすることで理解が深まります。鉱物・岩石といった地球からのメッセージを受け取りにフィールドワークに出かけましょう。

　この章では、鉱物採集のための道具やルール、採集・整理方法を紹介します。

野外調査の道具

地図	地形図は国土地理院や日本地図センターで地質図は地質標本館などで販売されている。*1
コンパス	方向を確認する。地層の傾斜を測るにはクリノメーターがあるとなおよい。*2
フィールドノート 筆記具	地層や鉱物の産出状態をスケッチする。フィールドで使いやすい硬い表紙のノートも販売されている。*3
油性ペン	産地や日付などを記入するために使用する。
カメラ	記録用にはデジタルカメラが便利。
ハンマー	岩石を割ったり、サンプルを採集する。先のとがったピック型と先の平らなチゼル型がある。
たがね	岩石や鉱物を地層から取り出す時に使う。
ルーペ	岩石の組織や鉱物粒子の特徴を観察する時に拡大する。
採集袋	サンプルを持ち帰るための袋。ビニールや布がよい。
新聞紙	採取した岩石や鉱物を包む。産地や日付を新聞紙に書く。
薬やばんそうこう	ケガをしたときのために消毒液やばんそうこうを携帯する。

*1 国土地理院　地図と測量の科学館（地形図）
　　https://www.gsi.go.jp/MUSEUM/
　　日本地図センター（地形図）https://www.jmc.or.jp/
　　産業技術総合研究所　地質標本館（地質図）
　　https://www.gsj.jp/Muse/
*2 ニチカ（野外調査用具）http://www.nichika-kyoto.com/
*3 日本地質学会（フィールドノート）
　　https://geosociety.jp/
　　古今書院（フィールドノート）http://www.kokon.co.jp/

採集のための服装

手袋
軍手や革の手袋。

帽子
直射日光や落石から頭部を守る。ヘルメットがあるとなおよい。

リュック
採集したものを入れるので、できるだけ軽く丈夫なものがよい。

長袖シャツ
虫さされ、植物の棘から身を守るために、長袖を着用する。防寒具、雨具なども装備。

登山靴
岩場や山道を歩くため、登山靴やトレッキングシューズをはく。川沿いやぬかるんだ場所に行く時は、長靴がよい。

長ズボン
水にぬれても乾きやすい素材のものがよい。

ハンマー

タガネ

採集方法

1. 地形図・地質図で場所を確認

　地形図は常に携帯し、自分の位置を地形図上で追えるように練習しましょう。どこへ行けば地層が観察できるか、地質図をよく読んで考えます。

2. 露頭を探す

　地層が露出しているところを露頭といいます。露頭は海岸沿いや沢沿いなどの侵食が進んでいるところで多く見られます。地形図で露頭がありそうなところを探します。

3. 観察・記録をする

　露頭を見つけたら、観察・記録をします。地層を形作る地層の厚さ、走向、傾斜、色、岩石の組織、鉱物粒子の大きさと形などをスケッチします。

4. サンプルを採集する

　岩石はハンマーやたがねを使って、持ち帰れる大きさにします。目的とする鉱物粒子は傷つけないように注意します。

■野外調査のルール

野外調査を行う時は、安全に注意し、他人に迷惑をかけないように心がけましょう。

❶ 国立公園や国定公園では採集をしてはいけません。
❷ 私有地では必ず土地の所有者に許可をとりましょう。
❸ 落石、転倒などに注意しましょう。危険がないか、グループ内で声をかけ合いましょう。
❹ 自然はみんなのものです。野外調査は観察を基本とし、自然を大切にしましょう。
❺ ゴミは持ち帰りましょう。

水晶のクリーニング

　石英はありふれた鉱物です。各種の岩石の割れ目を充たす白い鉱物の多くは石英であり、砂礫中の白い礫も大部分が石英です。花崗岩中や熱水鉱脈の晶洞に面して、六角柱状の石英結晶（＝水晶）が成長している様子を見ることも希でありません。水晶は形の美しさと透明感だけでなく、その硬さ、丈夫さにおいても他の造岩鉱物を引き離す実力者で、それ故に採集しやすい鉱物でもあります。しかし、採集された水晶が本来の美しさのままで見つかるわけではありません。

　鉱脈が地表に現れると、脈や母岩中に含まれていた黄鉄鉱が分解して鉄さびに変わります。その結果、近くに存在した水晶は、褐色の被膜をまとって"かりんとう"のような状態になっていることもあります。褐色の汚れは地表での二次的な生成物であり、それを除去すれば、水晶は地下深部にあったときの清らかな姿を回復するはずです。鉄さびを除去して美しい水晶の標本を作りたいと思うのは、鉱物採集した方にとって当然の願いでしょう。水晶には全くダメージを与えず、共生する別の鉱物もできるだけ変化させず、鉄さびだけを除去できないか。様々な試行錯誤がありました。その中から、私が実践している方法をご紹介します。話は、熱水鉱脈の露頭に隣接する場所で、土壌中に埋もれていた石英脈の破片を拾い上げたところから始まります。

①**"泥"の除去**："泥"には、岩石の破片、粘土鉱物、水酸化鉄、二酸化マンガン、腐食などの有機物が含まれています。まず、試料を水になじませ泥を軟らかくしてから、柔らかい歯ブラシで軽くこすります。このとき力を入れすぎると、途中にひびの入った水晶は折れてしまうかもしれません。長く大きく成長した水晶ほど、根本の罅が進行していることが多いという皮肉な現実があります。歯ブラシでは大きすぎてびっしりと生えた水晶の間には入らないかもしれません。そんなときには楊枝を歯間ブラシの様に使って、狭い隙間から泥や植物の根を掻き出します。

写真1：酸処理直前
の水晶クラスター
白亜紀の花崗閃緑岩
を母岩とし、新第三
紀中新世の熱水活動
によって生まれた鉱
脈から採集されたも
の。
◁福島県郡山市産／
左右長10cm

写真2　クリーニン
グ済みの水晶クラス
ター（写真1と同一の
標本）

第一段階の粗いクリーニングによって泥を除去した標本の姿（写真1）
をご覧下さい。植物の根が一部に引っかかったままですし、褐色の汚れ
はなかなか頑固そうで、この先の苦労が思いやられるかも知れません。

②酸化鉄・二酸化マンガンの除去：泥を落とし軽くブラッシングしても
残る褐色の被膜は褐鉄鉱　$Fe_2O_3 \cdot nH_2O$ です。褐鉄鉱は、常温でもpH
が3以下の酸性の溶液に浸すことで溶解が進みます。温度を50℃以上に
上げたり、酸性を強める（例えばpH<1）ことで反応をかなり加速する

ことができます。水晶のクリーニングにはシュウ酸　$H_2C_2O_4$ の５％水溶液が定番でしたが、サンポールなど、塩酸を含んだトイレ用洗剤でも同様の効果があります。洗浄を始める前には無色透明だった酸は、徐々に黄色味を増し、その分だけ水晶がきれいになってゆきます。水晶の表面が黒かったら、それはおそらく二酸化マンガンの被膜です。二酸化マンガンの除去には、アスコルビン酸（＝ビタミンC）　$C_6H_8O_6$ などの、還元性をもった酸が効果的です。シュウ酸は、スイバやカタバミ等の植物に含まれている天然成分であり、水溶液は塩酸や硝酸などの無機酸に較べてより安全でしょう。一方、シュウ酸の粉末試薬は医薬用外劇物に指定されており、一般市民には手が届きにくくなりました。

　酸処理は透明で密閉の効く容器の中で行えば、反応の進捗状況を連続観察できますし、万が一に容器が転倒しても酸をまき散らさなくて済みます。クリーニング用の酸性溶液には直接手を漬けないように、ビニール手袋や割り箸などを随時活用します。体についてしまったときには、流水で除去して下さい。この酸処理によって水晶自身はほとんど影響を受けません。しかし方解石等の炭酸塩鉱物は溶けさり、絹雲母やモンモリロナイト等の粘土鉱物は層間の陽イオンの一部を失います。

③**水洗い**：標本がほとんどきれいになったことを見届けて、酸から引き上げ、徹底的に水洗いします。酸の中に溶解している鉄イオンを完全に除去するためです。鉄イオンが残留していると、空気中で酸化が進行し、クリーニングしたはずの標本に再び黄ばみを生じます。水晶そのものは洗浄が容易ですが、鉱脈の外側の粘土化した母岩が伴っているときは、時間が掛かります。標本の奥深くまで酸性溶液がしみこんでしまうためです。

④**ブラッシング**：水洗を終えたら、自然乾燥させます。水晶の表面は化学的にはかなりクリーンになっているはずですが、粘土鉱物などの耐酸性のある鉱物が残留していると、乾燥後に曇りを生ずることがあります。軟らかいブラシで磨いて除去します。汚れが「頑固なら、クリーム

写真3　クリーニング済みの水晶クラスター。◁福島県郡山市産／左右長6cm

クレンザーを歯ブラシにつけて磨くと効果があります。写真2に、ここまでの処理を終えた標本の姿を示しました。最初の状態が想像できないほどにきれいになりましたが、水晶がもともと少し白濁していたこともあり、きらめき感を放つまでには至りませんでした。同じ方法でクリーニングした同地産の別の標本（写真3）では、端正な結晶形と卓越した透明感が見えます。クリーニングが標本の価値を劇的に高めた例です。

　水晶は採集する頻度も、クリーニングしたいと思う頻度も高いだろうと考え、ここでは家庭でも試みることができる簡単な水晶クリーニング法に絞って解説を試みました。水晶は硬く丈夫で、酸に強い鉱物なので、ここに紹介した方法で標本を損ねることもないと思います。当然のことながら、水に溶ける鉱物、酸に弱い鉱物にはこの方法を使ってはいけません。軟らかく脆い鉱物であればブラッシングは野蛮な行為です。クリーニングは、鉱物ごとに標本に優しい方法を模索し、標本の一部で事前テストを行ってから適用するのが基本です。

鉱物の写真撮影

地学ハイキングと写真撮影

　地質見学では、記録用にカメラを携行するのが普通です。人間の記憶は変質したり消滅したりするのが普通であり、物理的な媒体に客観性のある記録を残せる写真は、人間の弱点を補う重要な手段なのです。鉱物採集に出かけたときも、山、海岸、河川の地形的特徴、露頭と地形の関係、露頭の詳細などをはじめとして、当初の見学目的に直結しないことでも興味が惹かれれば写真撮影をします。写真には、予定していた事物を確認するほかに、思いがけない遭遇や、それを通して生まれた問題意識の"貯蓄"という役割もあるのです。

　35ミリ版フィルムカメラのプロトタイプができてから約100年が経ち、その間にフィルムやその写真機材、技術は充分に成熟しました。その技術的到達点をベースとして、フィルムのかわりに電気的な撮像素子を用いたデジタルカメラが開発され、あっという間に驚異的な進化を遂げました。最近20年ほどの事です。撮影したその場で写真の出来映えを確認出来るという即時性、撮影するのにお金がかからない経済性、ICを駆使してカメラを制御し、撮影データも瞬時に処理してくれる便利さなどが、デジタルカメラの魅力です。高性能の割に比較的安価な機種もあり、デジタルカメラは爆発的に普及しました。今やどの家庭にもデジタルカメラの1台や2台はあると思います。携帯電話のカメラ機能までカウントに入れれば、だれでもデジタルカメラを携行している時代になったのです。写真を撮ることは特別なことではなくなりました。

　ピントと露出が合った写真を撮影することが容易になった今日、訴求力ある写真を撮るための秘訣があるとすれば、それは、何をどのように見せたいのかについて明確な意識を持つことでしょう。

鉱物標本の撮影

　標本の写真撮影には、標本を採取した場所の状況を記録することとは

異なった目的があり、効能があります。

　標本の撮影目的は、標本を持ち帰って深めた観察の結果を、他の人にも理解しやすい形に整えて記録することにあります。採集現場では、足場、照明条件、時間の制約が大きく詳細な観察はやりにくいです。標本を持ち帰り汚れを落としてから、改めてゆっくりと観察したとき、現場では想像が及ばなかった発見があるものです。その発見と新たな理解を記録するために、標本の撮影を行うのです。

　標本の写真には、観察者（＝撮影者）の知識や興味が色濃く反映されます。石を見る目が鋭くなると、それを写真に表現する意欲も鋭くなります。逆に、写真の技術が向上すると石がよく見えるようになります。写真は記録手段であると同時に、私たちの潜在能力を開花させる触媒でもあるということになりましょうか。

　鉱物には、固有の結晶形があり、特徴的な色調や光沢感があります。劈開の顕著なもの、貝殻状断口を示すものがあります。鉱物の肉眼鑑定にあたってまず注目するこれらの特徴が際立つように、カメラアングル、照明の方法を選択することで、写真にリアル感が備わります。

　共存する鉱物との関係は、その鉱物の生成過程を語る大切な情報です。主役の鉱物種と、共存している別種の鉱物種それぞれの固有の特徴が表現されており、同時に鉱物種相互の関係性も読み取れるなら、記録として価値の高い写真になります。

　鉱物標本の造形的な美しさに感動した場合には、一幅の絵画として見応えのある写真を撮影してみたいと思うことでしょう。実際には楊枝の先ほどの小さな粒子であっても、適切な照明を与えてコントラストを付け、拡大撮影してみることで、リッチな気分を味わえます。結晶の一部に欠損があっても見る角度を工夫することによって、感動的な絵作りができます。これは誰の心にもある"絵心"のなせる技です。"絵心"は標本の観察力を増進させ、ひいては科学的新発見を後押しすることもあります。鉱物写真をアートとして楽しむセンスにも、大きな可能性があるのです。

　鉱物の写真を撮影することは、絵画を描くことに似ています。テーマを意識して構図を慎重に選び、鑑賞者の視線をテーマのポイントへと誘導するための工夫（照明の最適化など）を凝らします。構図をじっくりと選ぶにはカメラを三脚に固定したほうがよい。また、照明の効果をきめ細かく確認しながら撮影するには、フラッシュよりも蛍光灯のような連続光源が有利です。メインテーマの鉱物粒子にはピントがしっかりと合い、照明も充分に当たって、結晶の形がわかりやすいが、その周辺はなだらかピントがぼけ、明るさも落ちて行くようにすると見やすい写真になります。そのためには、レンズの絞りの選択が大切です。絞るとピントの深度が稼げますが、絞りすぎると回折効果により画質の鮮鋭度が下がります。絞り足りなくても、ぼけの範囲が広すぎて情報量が減ります。

　標本の背景は、標本を立体的に感じさせるための仕掛けでもあります。モノトーンで明度のグラデーションがかかった背景は、作り出すのが容易な割には効果が大きいです。いうまでもなく、撮影対象以外の物体やゴミが見えていては他の努力が台無しになりますので、撮影に当たっては、撮影台のこまめな整頓が欠かせません。

　次に、私自身の鉱物写真撮影法の一端をご紹介します。標本の大きさや形状が様々ですから、撮影する機材の選択にも照明方法にも無限のバリエーションがあります。

褐鉄鉱の上に析出した緑鉛鉱の六角柱状結晶△岐阜県神岡鉱山産

鉱物標本撮影の一例

　まず、3種の鉱物標本が一つの画面に収まった写真1を見て下さい。

　画面の左から　霰石（モロッコ）、霰石(ポルトガル)、紫水晶（ブラジル）が並んでいます。いずれも母岩やクラスターから分離されたもので、幾何学的にも色彩的にも明瞭な特徴を見せています。それぞれが個性的な標本でありながら、3種類を1枚の写真に収めたためにテーマ性は希薄になりました。この画像に後追いでタイトルを考えるなら"鉱物の集合状態あれこれ"になりましょうか。霰石の三連双晶、石英の平行連晶、霰石の放射状集合体（双晶ではない）が含まれ、いずれも組み合わさった結晶の方位関係について、かなりのストーリーが語れそうだからです。しかし、撮影時にその構想を持っていたわけではありません。3個の標本のそれぞれに、結晶の形もよく、色調も正しく美しいのですが、そのどこを見るべきか、この写真の中には誘導がないのです。写真1では、白色〜灰色のグラデーションを付けた背景紙の上に標本を並べ、真上から蛍光灯の拡散光を照射しています。標本の下にできる影は、白色板にトップライトを反射させることで弱めています。

　今度は、これら三種の鉱物を別々に撮影してみます。一画面に標本1個となれば、視線はかなり狭い範囲に誘導されます。いずれも、灰色〜暗灰色のグラデーションを持つ背景紙の上に3本の針を立て、標本をその上に載せています。その結果、標本が灰色の空間に浮かんでいるように見えています。被写界深度を深くするためf13 〜 f16の小絞りを使っています。それでもピントは浅く、読者の視線を誘導する力があります。

写真1：標本の集合写真—カタログ—
△写真の左右長が14cm

写真２：霰石の三連双晶△スペインアラゴン地方／左右長30mm

写真３：霰石の三連双晶の放射状集合体－通称スプートニク－△モロッコ／左右長40mm

　写真２は霰石で、大きな六角柱の底面に、小さな六角柱が複数透入している様子が見られます。着色は不均質で、薄紫色〜無色にわたります。柱面は平滑でガラス光沢を見せますが、底面はスリガラス状です。エッジの一部に打撃による貝殻状の断口があり、この鉱物に劈開がないことを感じさせています。六角柱は、斜方（直方）晶系の霰石結晶が3個体

写真4：紫水晶の平行連晶と針鉄鉱の包有物△ブラジルミナスジェライス州／左右長33mm

写真5：紫水晶中の針鉄鉱包有物のクローズアップ△ブラジルミナスジェライス州／写真の左右長が20mm

接合することによってできた三連双晶です。エッジがシャープで紫色の色調も美しい部分－およそ画面の中央部にピントをあわせることにより、立体感が出ました。

　写真3も霰石。無色透明～半透明の六角柱状双晶が放射状に集合したものです。結晶表面に酸化鉄が付着し赤褐色を呈しています。照明はトップライトで、反射板で明暗のコントラストを弱め、小型の鏡を一部の結晶面に写しこみ、きらめき感を加えています。結晶面のガラス光沢が比較的強い、右下部分にピントを合わせ、視線を誘導しています。

　写真4はアメシストです。少なくとも3本の結晶が平行連晶しています。結晶の表層付近には、針鉄鉱の放射状集合体が包有されていること、紫色の濃さにはムラがあること、錐面には成長ステップの並びによる等高線模様があること、柱面には平行な条線があること、エッジの一部は打撃による貝殻状断口ができていることなど、写真のテーマになり得る様々な特徴が現れています。この写真では錐面の成長ステップが描く等

高線模様にピントを合わせています。

　写真 5 は、写真 4 の標本の一部をクローズアップしたもの。条線がなくて透明度が高い錐面から、アメシストの内部をのぞき込むアングルとし、針鉄鉱包有結晶にピントを合わせました。隣り合った錐面に対しては、結晶表面の凹凸がクリアに見えるよう偏光フィルターを回転させて反射の程度を強めています。

撮影機材の選択

カメラとレンズ：光学ファインダーや液晶ディスプレイを通して、シャッターを切る前に、構図や、標本各部の明暗、ピントの状態が確認出来ること、シャッターの衝撃が小さいこと、ピントも露出も手動で調整できるものが使い勝手が良いです。広い風景をパンフォーカスで撮る場合と違って、標本のディテイルに徹底的にこだわるマクロ写真では、カメラの自動機構を使わない方が良い結果が得られることが少なくありません。その観点から、一眼レフディジタルカメラとマクロレンズの組み合わせは、間違いのない選択です。マクロレンズはそれ一本で無限遠から、被写体が撮像素子の上に等倍で写る近距離までカバーしますので、鉱物標本の接写には最適です。近年技術革新の著しいミラーレスカメラでもマクロレンズが用意されています。背面液晶ディスプレイの拡大表示機能によって精度の高いピント合わせが楽にできたり、シャッターショックが小さいなど、マクロ撮影で便利な機能が備わっています。写真 1-5 は、カメラボディーに SONY α900（一眼レフディジタルカメラ）を、レンズに　SIGMA70mm　Macro を用いて撮影されています。

フィルター：平滑な結晶面や光沢の強い破断面は、反射が強すぎて写真に過度のコントラストがつくことがあります。そんなとき、テカリ具合を制御するために、偏光フィルターは大活躍します。写真 1-5 の撮影でも円偏向フィルターが常時使用されています。

照明：ストロボ（＝フラッシュ）は瞬間発光の、蛍光灯は連続発光の照明装置です。ストロボは輝度が高く発光時間が短いため、ブレのない写真が容易に撮れます。その一方、照明効果を確認するために頻繁にテス

ト撮影する必要があることを、煩雑に感じる方も多いでしょう。蛍光灯など連続発光の照明装置の場合には、標本や照明装置の向き、偏光フィルターの回転角の調整が容易というメリットがあります。ストロボも蛍光灯も、光を充分に拡散させるため、白い布や、トレーシングペーパーを、ランプと被写体の間に配置します。

三脚：最適な構図を決めるために、ピント合わせで妥協しないために、またブレのない写真を撮るために、カメラは三脚に固定したほうが良い。撮影が長時間にわたるほどに、三脚のありがたみを実感します。三脚本体は、カメラの重量を確実に支えられる堅牢なものでなくてはなりません。カメラやレンズが特に巨大でなければ、被写体と同じテーブルの上に置いて使う接写用小型三脚という選択肢もあります。小型三脚の耐荷重は1.5-2kg程度ですから、中級一眼レフデジタルカメラボディーに、100mm級のマクロレンズを取り付けると、耐荷重の限界に近くなります。

背景紙：視線を標本に誘導するためにはシンプルな背景が有利です。また背景のデザインによっては奥行きを感じさせることができます。そのために背景紙を標本の下に敷きます。撮影台が前後に奥行きがあり照明装置を前寄りに置いた場合には、照明装置から遠い方に暗がりができます。そのため背景紙が白色であっても白～暗灰色に至るグラデーションの美しい背景を作り出すことができます。奥行きがとれない場合には、白から暗灰色へのグラデーションを印刷した紙を用います。グラデーションペーパーの商品名で、厚い紙質のものが市販されています。

褐鉛鉱の六角柱状結晶。△米国アリゾナ州アパッチ鉱山産

記録・整理の仕方

１．採集の記録

　鉱物・岩石の標本を採取したとき、可能な限り多くの情報を記録します。5 年後の自分に説明するつもりで記述すると、第三者にも理解しやすい客観的な表現になります。国土地理院発行の 2 万 5 千分の 1 地形図の上に標本を採取した地点を記すことが基本ですが、地図の等高線にも現れない小さな沢や、露頭の崖の高さや勾配、落石の危険、鉱脈や断層の方向や連続性、岩石の種類、変質の程度、露頭の日当たり、害虫や害獣の目撃情報など、分かる範囲でフィールドノートに記録しておきます。現場で肉眼鑑定できた鉱物の種類と産状、岩石の特徴的な組織、何を写真撮影したかも記録します。

　採集した標本には、フィールドの記録との対比ができる様に、整理番号を割り当てます。野外で付ける番号は、採集の日付、採集者の名前がわかるように、例えば、MA-2010.07.15-清越 -1 などと書きます。ここで M.A は私のイニシャル。2010.07.15　は採集日が 2010 年 7 月 15 日であることを、「清越」は採集場所が西伊豆の清越鉱山地域であることを、そして最後の数字はその日何番目に採取したかを表しています。

　標本に油性マジックで仮番号を書き入れておけば、整理番号と標本との対応が崩れることがないからと、“直接記入”を推奨されることもあります。しかし、油性インキは水洗いでは除去できず、時によっては岩石の内部にまで浸透して標本の価値を損ねることもあります。鉱物の結晶標本などでは、そもそも番号を書けるだけの平坦な面が得られないことが多いですし、マジックインキによる記述が標本の見栄えを著しく損なうこともあります。そこで、新聞紙にふわっと包んでから紙の上に番号を書く、あるいは標本を入れたビニール袋の上に番号を書くことになります。

２．持ち帰った標本の汚れを落とす

　汚れのない標本を採取するのが原則ですが、それができなかったときは、持ち帰ってからクリーニングを試みます。泥がついていると湿気を呼びま

すし、微生物の活動も尾を引きます。クリーニングの基本は水に漬けて軟らかいブラシでこすることです。土壌による単純な汚れはそれだけで落ちます。標本に凹凸が多く、その窪みに泥が挟まっているときは、超音波洗浄機で揺さぶりをかけます。油脂の汚れがついている場合には、中性洗剤に漬けて浮かせます。最後は、洗剤が残らないように、丁寧に水流にくぐらせます（水晶のクリーニングについては172ページ参照）。

　水に溶解してしまう鉱物（胆礬や岩塩など）、水につけると繊細な結晶がくっつき合って太くなり元に戻らなくなる鉱物（モルデン沸石など）が入っていないかどうか、事前に調べてリスクに気づいておくことが大切です。一般に、鉱物の本来の特徴を損なわないことの方が、汚れを完全に除去することよりも大切です。

３．観察・鑑定・保管

　基本は、裸眼、ルーペで観察し、可能なら比重を測り、硬さを調べ、磁性の有無、希塩酸との反応性を見て、鉱物種の鑑定を試みます。小さい結晶の観察には、実体顕微鏡が便利です。安定した姿勢で良好な像を見られるため、長時間の注意深い観察が可能となり、結果として鑑定の精度があがります。

　観察結果を図鑑や博物館の展示標本と対比することによって、自分なりの鑑定結果とします。厳密には、X線回折分析や化学分析を待たねばなりませんが、結晶形、色沢などの肉眼的な特徴だけでも迅速に正解にたどり着くことも多いです。鑑定ができたら、整理番号、標本名（鉱物種あるいは岩石種）、産地、最終日、採集者名、コメントを記述したラベルを作成します。以後、標本は常にラベルと一緒に保管、利用されます。紙製のラベルを傷めない様に、透明なビニールシートをラベルと標本の間にはさめるなどの工夫も施します。

　空気中の酸素と湿気、そして人間の手を介して付着する塩分は、いずれも硫化鉱物の大敵です。潮解性のある鉱物からは、一切の湿気を遠ざける必要があります。これらの不安定な標本は、乾燥剤が入った密閉容器に入れて保管するのが良策です。分解を大幅に遅らせることが可能です。

鉱物・岩石が
展示されている博物館

北海道大学総合博物館 北海道大学の理学部内にある博物館。知床硫黄山から流出した自然硫黄など、見応えのある展示がある。	〒060-0810 北海道札幌市北区北10条8丁目 電話 011-706-2658 https://www.museum.hokudai.ac.jp/
地図と鉱石の山の手博物館 常設展示として、北海道内外の鉱石・鉱物、隕石および世界の鉱物を展示。各種地図、地図情報、測量機器なども展示。	〒063-0007 北海道札幌市西区山の手7条8-6-1 電話 011-623-3321 https://www.yamanote-museum.com/
秋田大学大学院国際資源学研究科附属鉱業博物館 資源・エネルギー・素材を総合的にとらえた鉱業博物館。鉱山で使われる道具や資料も展示されている。	〒010-8502 秋田県秋田市手形字大沢28-2 電話 018-889-2461 https://www.mus.akita-u.ac.jp/
石と賢治のミュージアム 宮澤賢治の解説と、賢治にちなんだ岩石・鉱物や化石など数百点を展示。	〒029-0303 岩手県一関市東山町松川字滝ノ沢149-1 電話 0191-47-3655 https://www.city.ichinoseki.iwate.jp/ より
フォッサマグナミュージアム 石をとおして地球の生い立ちやしくみを紹介している博物館。隕石や岩石の他、糸魚川特産の翡翠なども展示。	〒941-0056 新潟県糸魚川市大字一ノ宮1313(美山公園内) 電話 025-553-1880 https://fmm.geo-itoigawa.com/
ミュージアム鉱研　地球の宝石箱 鉱物・岩石・化石の標本6000点の中から、約2000点を選び展示している。映像、模型、ボーリング機器など豊富な資料が揃っている。	〒399-0651 長野県塩尻市北小野4668 いこいの森公園内 電話 0263-51-8111 https://www.koken-boring.co.jp/jwlbox/
地質標本館 国の地質研究機関に付属する地学専門の総合博物館。地質標本をはじめ地学全般、地球の歴史や変動のメカニズム、人間と地球の関わりなどについて展示。研究成果である地質図を購入できる。	〒305-8567 茨城県つくば市東1-1-1 https://www.gsj.jp/Muse/
ミュージアムパーク 茨城県自然博物館 銀河・太陽系の惑星、太陽など宇宙空間にはじまり、地球の生いたち、自然のしくみ、鉱物や化石の生成まで幅広く紹介している。	〒306-0622 茨城県坂東市大崎700番地 電話 0297-38-2000 https://www.nat.museum.ibk.ed.jp/

国立科学博物館 地球の誕生から生物の進化まで、自然科学に関する展示を幅広く行っている。	〒110-8718 東京都台東区上野公園7-20 電話03-3822-0111 http://www.kahaku.go.jp/
千葉県立中央博物館 地学、歴史、動植物、環境など各分野の試料を収集、整理、保存するとともに調査、研究を行う。隣接地に野外博物館として生態園を設置。	〒260-8682 千葉県千葉市中央区青葉町955-2 電話043-265-3111 https://www.chiba-muse.or.jp/ NATURAL/
神奈川県立生命の星 地球博物館 隕石やクレーターを手がかりに地球誕生から生命の進化まで展示。さらに、化石を通して生命の誕生、繁栄による地球の変化についても紹介。	〒250-0031 神奈川県小田原市入生田499 電話0465-21-1515 http://nh.kanagawa-museum.jp/
奇石博物館 音の出る石、文字が浮き出す石、光る石、曲がる石など、奇石、宝石、化石、岩石、鉱物、隕石などを展示。収蔵標本約12000点の中から常時1600点を展示。	〒418-0111 静岡県富士宮市山宮3670番地 電話0544-58-3830 http://www.kiseki-jp.com/
中津川市鉱物博物館 鉱物の一大産地「苗木地方」として明治時代から知られている地に建設された博物館。アマチュア鉱物研究家、長島弘三氏の標本など多数展示。	〒508-0101 岐阜県中津川市苗木639-15 電話0573-67-2110 https://www.city.nakatsugawa.lg.jp/ museum/ より
益富地学会館 約20000点の鉱物標本や地学関係の蔵書を持つ。日本の鉱物研究の先駆者、益富寿之助氏が設立した鉱物、岩石、化石の博物館。	〒602-8012 京都府京都市上京区出水通烏丸西入中出水町394 電話075-441-3280 https://masutomi.or.jp/
生野鉱物館 生野鉱山の歴史に関するパネルのほか、生野鉱山で活躍した藤原寅勝コレクション、小野治郎八コレクションが展示されている。	〒679-3324 兵庫県朝来市生野町小野33-5 電話079-679-2010 http://www.ikuno-ginzan.co.jp/
玄武洞ミュージアム 景勝地として有名な玄武洞公園に造られた博物館。玄武岩の研究に加え、宝石、貴岩、奇石、化石をわかりやすく解説、展示している。	〒668-0801 兵庫県豊岡市赤石1362 電話0796-23-3821 https://genbudo-museum.jp/
北九州市立いのちのたび博物館 **[自然史・歴史博物館]** 生命の進化と道筋、人の歴史を展示解説している。地球の誕生、生物の進化をエンタテインメント的に展開。化石を中心に多数の標本がある。	〒805-0071 福岡県北九州市八幡東区東田2-4-1 電話093-681-1011 https://www.kmnh.jp/

鉱物・岩石が展示されている博物館

さくいん

【あ行】

亜金属光沢……27, 28, 31, 114, 119
アクアマリン……96, 98, 111
アスベスト……18
アズライト……30
アマゾナイト……108
アマルガム……117
アメシスト……95, 181, 182
あられ石……16, 22, 69, 85
アルカリ長石……99
安山岩……38, 46, 80, 134, 153, 164
硫黄……26, 32, 46, 47, 61, 62, 63, 73, 78, 79, 81, 84, 105, 131, 146, 161, 167, 168
イットリウム……34, 111, 119
稲田花崗岩……152
隕石……88, 89
隕鉄……88
薄膜効果……39
ウラニウム鉱物……35
ウラニルイオン……35, 36
ウレックス石……75
雲母……10, 20, 27, 29, 81, 96, 98, 107, 113, 133
エコンドライト……88, 89
エメラルド……96, 98, 102, 109, 111
エルドラド……104
鉛亜鉛マンガン鉱脈……73
塩基性火成岩……132, 135
黄鉄鉱……8, 28, 44, 46, 62, 71, 84, 85, 105, 172
黄銅鉱……39, 44, 46, 62, 71, 77, 79, 105, 116, 158, 169
オニックスマーブル……106, 107
斧石……11
オパール……39, 40, 74, 85, 103
オリビンノジュール……83
温泉……28, 33, 47, 60, 62, 63, 64, 65, 66, 67, 68, 69, 74, 75, 76, 125, 137, 147, 62, 167, 192

【か行】

ガーネット……94, 111
カールスバッド式双晶……16, 17
外核……90, 91
貝化石……85
貝殻状……52, 53, 165, 177, 180, 181
灰重石……35, 36, 114
骸晶……14
灰長石……39, 80
海底玄武岩溶岩……167
回転双晶……16
灰ばん柘榴石……41, 50, 87, 143
灰硼石……125
貝類……138
カオリナイト……121, 122
核……88, 89
角岩……142
角閃石……11, 133, 134, 135, 141, 153

角閃石ゆうれん石片麻岩……100
角柱状……8, 10, 17, 52, 54, 96, 98, 100, 102, 122, 155, 172, 178, 181, 183
角礫凝灰岩……22
花崗岩……11, 17, 45, 46, 47, 60, 80, 81, 82, 90, 94, 96, 98, 104, 109, 111, 112, 113, 114, 117, 118, 119, 123, 133, 143, 152, 153, 154, 172
花崗岩ペグマタイト……11, 19, 81, 96, 104, 109, 110, 111, 113, 114, 119, 123, 124
花崗岩マグマ……11, 19, 81, 113, 114, 127, 133, 143
火口湖……61, 62, 63
花崗閃緑岩……155, 173
火山……60
火山ガス……61, 63, 79, 131, 146, 161
火山岩……80, 134, 135, 164, 165
火山性堆積岩……136, 139
火山灰……70, 74, 86, 120, 137, 139
火山礫凝灰岩……139
火成岩……46, 80, 81, 94, 97, 101, 102, 108, 112, 124, 126, 132, 133, 134, 135, 140, 148
褐鉛鉱……10, 112, 183
滑石……48, 51, 98, 120, 121, 122, 141
褐炭……138
褐鉄鉱……33, 68, 84, 85, 162, 173, 178
褐鉄鉱床……68
下部マントル……90, 91
カボションカット……103
ガラス光沢……27, 111, 119, 125, 180, 181
カリ岩塩……53, 75, 76, 159
カリ長石……11, 16, 17, 19, 47, 81, 99, 105, 123, 133, 143, 153, 154
軽石……133, 139
カルスト……77
カワイジェン火山……61
岩塩……8, 48, 53, 75, 76, 137, 159, 185
干渉……38, 39
含水硼酸塩鉱物……75
岩漿……81, 82, 167
かんらん岩……82, 83, 90, 91, 98, 101, 113, 115, 120, 121, 126, 135
かんらん石……80, 82, 83, 88, 101, 135
輝安鉱……118
キースラーガー……70
黄色鱗片状……35
輝コバルト鉱……115
輝銀鉱……10, 79, 113
黄水晶……33
輝石……11
輝蒼鉛鉱……119

貴蛋白石……103
絹糸光沢……18
球晶……21, 23
球状硫黄……62, 63
凝灰岩……18, 22, 28, 47, 107, 122, 126, 139
魚眼石……27, 167
玉髄……74, 85, 107, 164
玉滴石……35
銀黒鉱……72
金紅石……16, 26, 112
銀星石……22
金属鉱床……61
金属光沢……27, 28
キンバーライトパイプ……148, 149
キンバリー……149
金緑石……16
苦灰石……9, 20, 23, 45, 55
孔雀石……22, 23, 30, 31, 77, 106, 169
苦ばん柘榴石……46, 94
クリーニング……172, 173, 174, 175, 184, 185
クリストバライト……123
クリソタイル……18
黒雲母……55, 81, 100, 133, 134, 141, 143, 153, 154
黒鉱……70, 71, 72, 118
黒鉱鉱床……117, 125
クロム鉄鉱……113
珪亜鉛鉱……35, 37
珪華……64, 65
珪灰石……127
珪化木……85
蛍光……34, 35, 36, 37, 111, 178, 179, 182, 183
珪砂……123, 158, 159
珪酸……132
珪酸塩……22, 80
珪酸塩鉱物……11, 27, 37, 55, 81, 101, 104, 126, 143
珪石……120, 123, 131, 133
珪線石……87
珪藻……138
珪藻土……136, 138
頁岩……125, 136, 137
結晶形……8
結晶構造……16, 42
結晶固体……16
結晶の稜……14
結晶片岩……86, 94, 98, 123, 124, 141
月長石閃長岩……153
煙水晶……19, 33, 81
元素原料鉱物……110
元素周期表……156
玄武岩……27, 80, 82, 83, 95, 101, 102, 133, 135, 155, 166, 167
玄武岩質マグマ……80
広域的沈殿物……70
広域変成岩……86, 87, 127, 141
広域変成作用……140
工業原料鉱物……110, 120
黄玉……48, 50, 104
鋼玉……10, 48, 50, 100, 102

合成ルビー……129
硬石膏……54, 60, 75
光沢……26
紅柱石……87
鉱物採集……160, 162, 164, 167, 168, 169, 170, 172, 176
鉱物標本撮影……179
紅簾石……141
紅簾石白雲母石英片岩……141
コーイヌール……148
コールドプリューム……91
コールマン石……125
黒曜石……53, 133, 165
コバルト……115, 123
コバルトリッチクラスト……70, 71
コモンオパール……103
コランダム……50, 102
金剛光沢……26, 45
金剛砂……46
コンドライト……88, 89
コンドリュール……88

【 さ 行 】

砕屑性堆積岩……136, 137
砂岩……45, 85, 103, 136, 137, 154
砂金……44, 116
柘榴石……41, 46, 87
砂質礫岩……137
撮影機材……182
砂漠のバラ……20, 76
サファイア……31, 102, 128, 129
酸化薄膜……39
酸化鉱物……79
珊瑚礁……70, 122, 138
三斜晶系……9
三方晶系……9
シアノバクテリア……70, 71, 139
シエンナ……33
紫外線……34, 35, 36, 37, 119
紫外線ランプ……34, 35
地震……90, 146
地震波速度……90
ジスプロシウム……119
自然金……21, 43, 44, 49, 116
自然銀……21, 43, 116
自然銅……21, 44, 49
自然白金……115
磁鉄鉱……9, 28, 31, 39, 70, 134, 135
縞状鉄鉱床……70, 71, 115
縞瑪瑙……106
蛇灰岩……154
写真撮影……176, 178, 184
ジャスパー……70, 106, 107
ジャスパー礫岩……142
斜長石……11, 17, 39, 108, 133, 134, 135, 153
斜方硫黄……78
斜方晶系……9
蛇紋岩……18, 98, 113, 115, 135, 154
重晶石……10, 20, 43, 46, 60, 71, 76, 120, 125, 167
重炭酸ソーダ石……76
樹脂光沢……29, 33
樹枝状集合体……21
ジュラ紀層……8
昇華……78

条痕板……31
消石灰……122
条線……15, 27, 181, 182
鍾乳石……61, 74, 77, 144
鍾乳石の断面……144
鍾乳洞……56, 77
蒸発岩……61, 75, 111
上部マントル……13, 82, 83, 90, 91, 97, 148
シリカ……64, 65, 74, 102, 103, 106, 107, 108, 123, 126, 127, 138, 143, 158
シリカ鉱物……64, 74, 126
シリカシンター……64
シリコン……110, 123, 129
ジルコニウム……112
ジルコン……16, 26, 112
シルト岩……136, 137
白雲母……10, 20, 55, 86, 96, 121, 133, 141
人工水晶……129
辰砂……32, 45, 117
真珠……99
真珠光沢……27, 29
針鉄鉱……25, 38, 106, 181, 182
針ニッケル鉱……23
水晶……8, 10, 14, 15, 16, 19, 27, 33, 62, 74, 81, 95, 119, 123, 129, 163, 164, 172, 173, 174, 175, 179, 181
スーパーホットプリューム……91
スカルン鉱床……115, 117
スコレス沸石……22
錫石……26, 45, 118
ストロマトライト……136, 139
ストロンチウム……110, 111
スピネル……9
正長石……11, 48, 51, 54
生物源堆積岩……136, 138
正方晶系……9
整理番号……184, 185
石英……10, 14, 16, 17, 19, 38, 44, 47, 48, 51, 52, 64, 70, 72, 73, 74, 81, 85, 95, 96, 100, 103, 106, 107, 112, 113, 114, 123, 127, 133, 134, 141, 148, 153, 154, 158, 172, 179
石黄……29, 33, 67
石質隕石……88
石筍……77
赤色花崗岩……153
石炭……136, 138, 168
石炭隕石……88, 89
赤鉄鉱……32, 70, 79, 106, 107, 115, 153
赤銅鉱……9
石墨……42, 43, 47, 49, 59, 97, 98, 124, 141, 142
石灰華……67, 69, 137
石灰岩……9, 11, 61, 69, 77, 87, 100, 107, 109, 111, 117, 122, 124, 125, 127, 136, 138, 139, 142, 143, 154
石灰石……120, 122, 158
石灰質捕獲岩……143
石膏……16, 18, 20, 22, 27, 47, 48, 51, 54, 60, 75, 76, 79, 158, 167
接触鉱床……60, 115
接触双晶……16
接触変成岩……87, 142

接触変成作用……140
節理……155
ゼノタイム……16, 111, 119
セメント……110, 120, 122, 124, 152, 155, 158
セラミックス……110
セリウム……119
セリサイト……121, 122
閃亜鉛鉱……26, 46, 71, 73, 79, 93, 117, 118
閃ウラン鉱……35
選鉱……36
閃緑岩……134, 155, 173
双晶……16, 17
層状含銅硫化鉄鉱床……70, 71
層状珪酸塩鉱物……27
層状マンガン鉱床……70, 71
曹長石……39
ソーダライト……106, 108

【 た 行 】

ダイアスポア……122
対称性……8, 9
堆積岩……136
ダイヤモンド……9, 13, 26, 27, 29, 30, 35, 42, 43, 47, 48, 49, 50, 59, 82, 83, 97, 98, 100, 102, 128, 129, 148, 149
束沸石……22
単位格子……8
タングステン……36, 114
タングステン鉱……114
炭酸塩……22
炭酸塩鉱物……9, 30, 31, 77, 174
単斜晶系……9
単斜柱状……11
誕生石……94
タンタル……113
短柱状結晶……45
地殻……90, 132
地球温暖化……147
地球の物質循環……146
地形図……170, 171, 184
地質図……170, 171
地層……70, 170, 171
チムニー……60, 168
チャート……70, 123, 136, 138
着色……30
チャロアイト……106, 109
柱状節理……155
中性火成岩……132, 134
超塩基性岩……115, 132, 135
長石……74, 120, 123
超大陸……149
蝶ネクタイ形集合体……22
チョーク……121, 158
つくば隕石……89
低温高圧型変成作用……140
泥岩……136, 137, 142
低結晶質……33
低速度層……90
泥炭……138
鉄隕石……88, 89
鉄鉱山……68
鉄石英……107
鉄電気石……81
鉄ばん柘榴石……46, 86, 94
鉄マンガン重石……36, 114
鉄明ばん石……68
テレビ石……75

189

天河石……106, 108
天青石……111
天然鉱物……8, 9
等軸晶系（＝立方晶系）……9
糖酸質石灰岩……142
透明連晶……16, 19
動力変成岩……140, 143
土状光沢……28
轟石……28, 43
トパーズ……50, 104
トルコ石……30, 105

【な 行】

内核……89, 90, 91
軟マンガン鉱……114
ニオブ……112
虹色……38, 39, 40
日本式双晶……16, 17
熱水……60, 62, 72, 73
熱水鉱床……46
熱 水 鉱 脈……9, 10, 17, 44, 45, 73, 114, 115, 116, 117, 118, 119, 121, 124, 125, 163, 172

【は 行】

ハーキマーダイヤモンド……27
白鉛鉱……43
バタフライツイン……17
バッテリー……159
バナジウム……112
ハフニウム……112
パラサイト……88
パンゲア……149
斑晶……17, 80, 99, 134, 153
斑れい岩……80, 101, 135
ビカリア……85
非金属光沢……27
微斜長石……11, 17
比重……42
非晶質シリカ……64, 65, 74, 123
翡翠……106
翡翠輝石……108
砒素硫化物……66, 67, 168
ビッカース硬度……48, 50
ひっかき……48, 49
ファイアオパール……40
フェルグソン石……119
二股温泉……69
普通輝石……80, 134, 135
物質循環……91, 146, 147
沸石……22, 120
沸石凝灰岩……126
沸石鉱物……27
仏頭状集合体……67
船津花崗岩……143
プランクトン……70, 138
フランクリン鉱……9
フランクリン鉱山……37
プリシャスオパール……39, 40, 103
噴煙……81
噴火……80, 146
噴火口……63, 78, 79, 168
噴 気 孔……61, 63, 78, 79, 161, 167
噴気帯……66, 162, 167, 168
文象花崗岩……19
文象組織……19
平行連晶……16, 18, 179, 181

劈 開 ……9, 24, 27, 29, 52, 53, 54, 55, 76, 108, 113, 118, 124, 125, 127, 177, 180
ペグマタイト……10, 11, 19, 81, 96, 104, 108, 109, 110, 111, 112, 113, 114, 119, 123, 124
紅水晶……33
ペリドット……83, 101
ベリリウム……96, 98, 111
ベリル……96, 98
変成岩……86, 140
ベントナイト……120, 159
片麻岩……100, 124, 141, 154
方 鉛 鉱……45, 53, 71, 73, 79, 85, 118
方解石……9, 12, 20, 27, 35, 36, 43, 47, 48, 49, 51, 55, 69, 75, 77, 85, 107, 117, 139, 142, 154, 167, 174
硼酸塩鉱物……75, 76
放散虫……138
放射状集合体……22
宝飾用孔雀石……77
ボーキサイト……117, 168
蛍 石 ……8, 14, 34, 35, 48, 49, 51, 54, 124
ホルンフェルス……142

【ま 行】

巻き貝……85
マ グ マ ……11, 13, 19, 56, 60, 73, 79, 80, 81, 83, 87, 88, 96, 97, 99, 101, 102, 104, 113, 114, 127, 130, 132, 133, 134, 135, 140, 143, 146, 155, 161, 166, 167
マグマだまり……80, 81
マラカイト……106
マンガンタンタル石……113
マンガンノジュール……70, 71
マンガンバクテリア……114
マントル……59, 82, 83, 89, 90, 91, 101, 135, 148, 149
脈状……18
ミロナイト……143
ムーンストーン……99
無煙炭……138
紫水晶……14, 33, 95, 179, 181
瑪瑙……74, 106, 164, 165
モ ー ス 硬 度 ……48, 49, 51, 121, 127
モースの硬度計……48
モナズ石……119
モリブデン……36, 113, 159
モルガナイト……96
モンモリロナイト……120, 162, 174

【や 行】

矢羽根型双晶……16
雄黄……29, 33
ユークリプタイト……35
有孔虫……138
ユーロピウム……34, 111
溶岩ドーム……63
溶結凝灰岩……139
溶融硫黄……63

【ら 行】

ライト・レアアース……119
ラブラドライト……39
ラブラドレッセンス……39
ラメラ……99
藍晶石……86, 87, 127
藍銅鉱……30
ランプロアイト……148, 149
リチア雲母……55, 110
リチア輝石……106, 109, 110
リチア電気石……106, 109, 110
リチウム……96, 109, 110, 115
立方晶系（＝等軸晶系）……9
立方体……8
立方体結晶……8
硫 化 鉱 物……39, 44, 46, 60, 62, 66, 77, 79, 84, 105, 159, 185
硫化鉄鉱……63, 70, 71
硫酸塩……22
硫酸鉛鉱……43, 85
流 紋 岩 ……46, 74, 80, 99, 107, 122, 126, 131, 133, 139, 165
流紋岩質（花崗岩質）マグマ……80
菱亜鉛鉱……43
菱苦土鉱……9, 55
菱鉄鉱……9, 55, 70
菱 マ ン ガ ン 鉱 ……9, 10, 43, 55, 73
緑色片岩……141
緑柱石……10, 96, 98, 111
緑簾石……11, 127, 141, 167
鱗雲母……10, 109, 110
燐灰ウラン石……20, 35
燐 灰 石 ……10, 48, 49, 50, 105, 159
輪座双晶……16
リン酸塩……22, 105
燐銅ウラン石……10
ルチル……112
ルビー……45, 100, 102, 129
ルビジウム……110
レアアース……119
礫岩……136, 137, 143
瀝青炭……138
蝋石……122
六方晶系……9
六角柱状……8, 10, 17
露 頭 ……125, 163, 166, 171, 172, 176, 184

【わ 行】

割れ方……52
腕足貝……85

おわりに

　豊かな石の世界をご紹介するには、どんなに分厚い本でも充分過ぎるということはありません。とくに本書は、気楽に手に取れるグラフィック主体の入門書というコンセプトで作られていますから、記述は軽くなっています。本書をお読みになって、もっと詳しく石を知りたくなった方は、美しい写真が多数掲載された図鑑を入手されると良いでしょう。実物標本が見たくなった方は、気軽に博物館を訪れることです。鉱物採集や自然観察の手ほどきを受けたければ、博物館などが企画する野外見学会に参加すると、得るところがあると思います。それでも飽きたらず、もっともっと本格的に勉強したくなったら、博物館、大学、研究機関に個人的にアプローチしてみてはどうでしょうか。熱意のあるところに道は開けるもの。よき出会いがあることを信じましょう。

　本書に紹介されている鉱物・岩石標本の多くは、独）産業技術総合研究所地質標本館に収蔵されています。画像のキャプションに記述されている英数字は、各標本の登録番号です。そのうち登録番号GSJ M40010〜M40730は、故青柳隆二博士が地学教育の振興のためにと地質標本館に寄贈された標本です。本書にはそのうち、ダイヤモンドや自然金をはじめとする75点が掲載されています。

　本書を読まれて、個々の鉱物の性質や用途について理解が深まっただけでなく、それらの鉱物を生み出した自然のプロセスへと興味が広がって来たなら、それは筆者の願うところであり嬉しく思います。読者の皆さんが自然観察や鉱物採集に出かけられ、それぞれの新発見に遭遇されますように。

青木正博

青木正博（あおきまさひろ）

1948年兵庫県神戸生まれ、札幌育ち。東京大学大学院理学系研究科博士課程修了。国立研究開発法人産業技術総合研究所の附属博物館「地質標本館」館長を経て、産業技術総合研究所名誉リサーチャー。理学博士。主に熱水系の鉱物、温泉がつくる金鉱床を対象に研究してきた。著書に、『日本の岩石と鉱物』（共著 東海大学出版会）、『鉱物・岩石検索入門』（共著 保育社）、『地球』（共著 誠文堂新光社）、『鉱物・岩石の世界』（誠文堂新光社）、『鉱物図鑑』（誠文堂新光社）、『地層がわかるフィールド図鑑』（共著 誠文堂新光社）、『地形がわかるフィールド図鑑』（共著 誠文堂新光社）、『薄片でよくわかる岩石図鑑』（共著 誠文堂新光社）、『岩石薄片図鑑』（誠文堂新光社）、『賢治と鉱物』（共著 工作舎）、『新版 鉱物分類図鑑323』（誠文堂新光社）、訳書に『岩石と宝石の大図鑑』（誠文堂新光社）などがある。

色や形の不思議、でき方のメカニズムがよくわかる

鉱物・岩石入門　第3版

2011年11月30日　第1版　発　行	NDC450
2014年8月19日　第2版　発　行（増補）	
2023年5月1日　第3版　発　行	
2024年6月3日　　　　第2刷	

著　　者	青木正博
発　行　者	小川雄一
発　行　所	株式会社 誠文堂新光社
	〒113-0033 東京都文京区本郷3-3-11
	電話03-5800-5780
	https://www.seibundo-shinkosha.net/
印刷・製本	シナノ書籍印刷 株式会社

© Masahiro Aoki.2023　　　　　　　　　　　　　　　　Printed in Japan

ISBN978-4-416-62345-9